Taibat Abdullahi Manga

O impacto do CBARDP do FIDA na redução da pobreza entre as mulheres

Taibat Abdullahi Manga

O impacto do CBARDP do FIDA na redução da pobreza entre as mulheres

ScienciaScripts

Imprint

Cover image: www.ingimage.com

This book is a translation from the original published under ISBN 978-620-8-06595-9.

Publisher:
Sciencia Scripts
is a trademark of
Dodo Books Indian Ocean Ltd. and OmniScriptum S.R.L publishing group

120 High Road, East Finchley, London, N2 9ED, United Kingdom
Str. Armeneasca 28/1, office 1, Chisinau MD-2012, Republic of Moldova, Europe
Managing Directors: Ieva Konstantinova, Victoria Ursu
info@omniscriptum.com

Printed at: see last page
ISBN: 978-620-8-58811-3

AGRADECIMENTOS

Este livro não teria sido possível sem o apoio, as contribuições e o encorajamento de numerosos indivíduos e organizações cuja dedicação ao desenvolvimento rural inspirou e orientou este trabalho. Em primeiro lugar e acima de tudo, a minha mais profunda gratidão vai para as mulheres do Estado de Kebbi, cuja resiliência e determinação face à adversidade foram a força motriz por detrás desta investigação. As suas histórias, experiências e aspirações moldaram o cerne deste livro.

Gostaria também de manifestar o meu sincero apreço ao Fundo Internacional de Desenvolvimento Agrícola (FIDA) pelo seu empenhamento inabalável na redução da pobreza e no desenvolvimento rural. O Programa de Desenvolvimento Rural e Agrícola de Base Comunitária

(CBARDP), sob a liderança do FIDA, forneceu a base para investigação e as discussões apresentadas neste trabalho. Um agradecimento especial vai para a equipa do CBARDP no Estado de Kebbi pela sua colaboração e acesso a dados vitais e operações no terreno. Ao Governo do Estado de Kebbi, estendo a minha gratidão pelo seu apoio às iniciativas de desenvolvimento e por facilitar o acesso às comunidades envolvidas neste estudo. As contribuições dos funcionários do governo local, dos líderes comunitários e dos peritos agrícolas foram inestimáveis para enriquecer o conteúdo deste livro.

Estou também profundamente grato aos meus colegas (Prof. I. R Muhammad, Dr. I. D. Sanchi, Dr. Y. J. Alhassan, Dr. S. Hamisu e Dr. A. R. Sanda), assistentes de investigação e amigos que ajudaram na recolha e análise de dados, bem como na redação deste manuscrito. O vosso empenho e entusiasmo tornaram a jornada de escrita deste livro tão gratificante quanto perspicaz.

Por último, à minha família, cujo constante encorajamento e crença na importância deste trabalho me manteve motivada durante todo este projeto - obrigada. O vosso apoio tem sido a minha maior fonte de força. Espero que este livro sirva como um recurso valioso para profissionais do desenvolvimento, decisores políticos e investigadores, à medida que continuamos a explorar e a implementar soluções para reduzir a pobreza, especialmente entre as mulheres, nas comunidades rurais da Nigéria e não só.

PREFÁCIO

Os desafios da pobreza, especialmente entre as mulheres rurais, são há muito uma preocupação premente em muitos países em desenvolvimento, incluindo a Nigéria. O Estado de Kebbi, com a sua população predominantemente rural, tem visto as suas mulheres suportarem o peso das dificuldades socioeconómicas, com acesso limitado aos recursos, à educação e às oportunidades de emprego. Neste contexto, as iniciativas que visam a redução da pobreza tornam-se fundamentais para o desenvolvimento sustentável e a elevação da sociedade.

O Programa de Desenvolvimento Agrícola e Rural de Base Comunitária (CBARDP), criado pelo Fundo Internacional de Desenvolvimento Agrícola (FIDA), desempenhou um papel fundamental na transformação da vida das mulheres no Estado de Kebbi. Esta iniciativa, concebida para dar resposta às complexas realidades da pobreza rural, capacitou as mulheres em termos económicos através de inovações agrícolas e melhorou a sua posição social nas suas comunidades. Ao centrar-se em práticas agrícolas sustentáveis, no reforço de capacidades e no desenvolvimento de infra-estruturas rurais, o CBARDP ofereceu a muitas mulheres uma via viável para saírem da pobreza, ajudando a colmatar o fosso entre homens e mulheres no sector agrícola.

Este livro, intitulado *The Role of the Community Based Agricultural and Rural Development Programme (CBARDP) of the International Fund for Agricultural Development (IFAD) in Poverty Reduction among Women in Kebbi State, Nigeria*, explora o impacto multifacetado do programa na vida das mulheres. Através de uma análise aprofundada de estudos de caso, quadros políticos e relatos em primeira mão, fornece uma compreensão abrangente da forma como esta iniciativa não só respondeu a necessidades imediatas, mas também lançou as bases para a redução da pobreza a longo prazo.

Ao percorrer as páginas, irá encontrar histórias de resiliência, inovação e capacitação das mulheres no Estado de Kebbi. Este trabalho tem como objetivo realçar tanto os sucessos como os desafios actuais, oferecendo uma visão valiosa sobre o papel crucial dos programas de desenvolvimento na luta contra a pobreza. Esperamos que as conclusões apresentadas neste livro inspirem mais ação e colaboração, à medida que trabalhamos coletivamente para um futuro em que nenhuma mulher seja deixada para trás na luta contra a pobreza.

Prof. I. R Muhammad
(Dean College of Agriculture, FUAZ) Data: 6 de setembro de 2024

TABELA DE CONTEÚDOS

CAPÍTULO UM

1.0 Introdução

A pobreza é uma praga comum que aflige as pessoas em todo o mundo, especialmente nos países menos desenvolvidos. Segundo Jhingan (2003), trata-se de um fenómeno de miséria que afecta os países menos desenvolvidos. De um modo geral, a pobreza é definida como o estado de ter pouco ou nenhum dinheiro e a incapacidade de satisfazer as necessidades da vida. Trata-se de uma condição de cabeça de hidra que tende a limitar as oportunidades socioeconómicas das pessoas (Modupe, 2008). Ogunleye (2004) e Oladunni (1990) definiram o indivíduo pobre como aquele que não tem necessidades básicas como alimentação adequada, vestuário, boa saúde e educação, fornecimento de água potável, eletricidade e boas estradas, entre outras.

Embora no século passado se tenham registado grandes progressos na redução da pobreza e na melhoria do bem-estar, a pobreza continua a ser um problema mundial que afecta uma grande parte da população (e Valerie, 2010). Segundo o PNUD (2005), dos seis mil milhões de habitantes do planeta, 2,8 mil milhões vivem com menos de$ 2 dólares por dia e 1,2 mil milhões com menos de$ 1 dólares por dia. $Cerca de 1,2 milhões de pessoas, ou seja, um quinto da população mundial, ainda vivem em condições de pobreza extrema com menos de 1 dólar por dia e 2,8 mil milhões de pessoas, ou seja, quase metade da mundial, com menos de 2 dólares por dia.

De acordo com Elumilade *et al.* (2006) e Howard (2005), entre os pobres do mundo, a África alberga a maioria (32) dos países mais pobres devido a muitos factores, como a guerra, as catástrofes naturais, as dívidas externas e a corrupção, para mencionar apenas alguns. Atualmente, a África tem uma dívida de cerca de 350 mil milhões de dólares americanos e cerca de 46,5% da população da África Subsariana vive abaixo de 1 dólar por dia. O Programa das Nações Unidas para o Desenvolvimento (PNUD) (2007) observou que, sendo um membro típico da África Subsariana (ASS), a Nigéria representa um dos muitos paradoxos do desenvolvimento, em que a nação é rica (sendo um dos exportadores de petróleo do mundo) mas o seu povo é pobre. A incidência média da pobreza na Nigéria aumentou de 0,28 a 0,42 entre 1980 e 1992, respetivamente, e, em 1996, a situação piorou para uma média de 0,66. Por conseguinte, em cada 100 nigerianos, 66 viviam abaixo do limiar de pobreza, com grandes dificuldades (Oladunni, 1990). A situação de pobreza da população do Estado de Kebbi é semelhante à de outros Estados do Norte da Nigéria, onde a pobreza é mais acentuada (Suleiman, 2002). Apesar dos escassos recursos consagrados à luta contra a pobreza nestas zonas, Modupe (2008) afirma que o nível de pobreza continuou a aumentar, ao mesmo tempo que as suas condições de vida pioravam.

Khan (2001) e Etim (2007) observaram que a pobreza é um fenómeno rural na maioria dos países em desenvolvimento, incluindo a Nigéria. Nas comunidades rurais, as mulheres e os agregados familiares chefiados por mulheres são os mais cronicamente pobres (R.P.N., 2008). Calcula-se que as mulheres constituem 70% dos 1,2 mil milhões de pobres do mundo. Muitos factores são responsáveis pela pobreza entre as mulheres e estes factores, entre outros, incluem a concentração de mulheres em empregos mal remunerados, educação limitada, discriminação por parte de muitos empregadores, mau estado de saúde e chauvinismo masculino na maioria das comunidades nigerianas (Modupe, 2008).

A situação acima referida exigia esforços concertados por parte de todos os intervenientes, nomeadamente, o governo, as organizações multinacionais, as instituições comunitárias, as organizações privadas e não governamentais para melhorar o nível de vida da população e, especialmente, mulheres. Os vários governos, a todos os níveis e em diferentes alturas, embarcaram em programas de alívio da pobreza para amortecer os efeitos da pobreza. Esses programas, entre outros, incluem o Better Life Program (BLP), o Family Support Program (FSP), a National Directorate of Employment (NDE), o Family Economic Advancement Program (FEAP), o Federal Urban Mass Transit Program e, mais recentemente, o National Poverty Eradication Program (NAPEP) e o Universal Basic Education Scheme. De acordo com Modupe (2008), estes esforços anteriores foram provavelmente prejudicados pela deterioração da disciplina fiscal, corrupção, instabilidade política, má governação, indisciplina financeira e políticas governamentais inconsistentes.

Reconhecendo as implicações económicas da pobreza e o fracasso dos esforços anteriores, algumas agências das Nações Unidas, bem como outras organizações internacionais, intensificaram os esforços para aliviar a pobreza entre as pessoas que vivem nas zonas rurais através de vários programas de intervenção. Entre estas organizações, destaca-se Fundo Internacional de Desenvolvimento Agrícola (FIDA). O mandato do FIDA, uma instituição financeira internacional, consiste em erradicar a pobreza rural nos países em desenvolvimento, ajudando as populações das zonas rurais a obter rendimentos mais elevados e segurança alimentar. O FIDA, de acordo com Rural Poverty in Nigeria (2008), tem financiado, desde 1985, diferentes programas e projectos na Nigéria.

Um esforço recente do FIDA para reduzir a pobreza e melhorar os meios de subsistência das mulheres rurais levou à implementação do Programa de Desenvolvimento Rural e Agrícola de Base Comunitária. O programa foi criado depois de vários estudos terem indicado que a pobreza se está a tornar endémica em alguns Estados do Norte com ecossistemas frágeis na Nigéria (FIDA, 2006). O programa decorre em oito estados do norte da Nigéria, nomeadamente Borno, Jigawa, Kano, Katsina, Kebbi, Sokoto, Yobe e Zamfara, e baseia-se em projectos comunitários anteriores nos estados de Sokoto e Katsina (ICT update, 2010). O principal objetivo é melhorar os meios de subsistência e as condições de vida das populações rurais pobres, com especial ênfase nas necessidades das mulheres e de outros grupos vulneráveis (FIDA, 2004).

1.2 Problema Declaração

Em todo o mundo, as mulheres estão no centro da pobreza. As mulheres têm mais dificuldade, se não mesmo impossibilidade, de aceder a empréstimos, especialmente junto de instituições financeiras, quando o seu homólogo masculino pode facilmente obter a mesma ajuda. Tal como Mayra (1998) observou em Alaye e Evelyn (2008), isto representa uma tendência global preocupante e quando o critério utilizado para medir o grau de pobreza das pessoas é o seu nível de bem-estar, as mulheres são tradicionalmente mais empobrecidas do que os homens. Esta situação é mais grave na Nigéria. Na Nigéria, as mulheres constituem uma força de trabalho ativa e de reserva, mas raramente possuem os meios de produção (Rahman, 2004). No entanto, nunca é demais salientar a posição das mulheres face aos desafios do desenvolvimento agrícola. Num contexto tipicamente africano, as mulheres contribuem significativamente para a produção alimentar; fornecem 60-80% da mão de obra agrícola e são responsáveis por 80% da produção alimentar (Mgbada, 2002; Rahman, 2004). No entanto, têm pouco ou nenhum acesso a activos produtivos. Na maioria das vezes, é-lhes negado o acesso a facilidades de crédito por falta de garantias (Modupe, 2008). Embora as mulheres desempenhem um papel essencial e dinâmico na vida económica, continuam a estar em grande desvantagem em termos de acesso aos serviços de saúde, educação, finanças e extensão agrícola devido ao seu baixo estatuto económico (Banco Mundial, 1996).

As mulheres do Estado de Kebbi não estão isentas deste fenómeno miserável. O Estado de Kebbi é um dos Estados afectados pela pobreza, tal como muitos dos Estados do Norte. Apesar das suas potencialidades no domínio da agricultura, o Estado continua a chafurdar numa pobreza excruciante, sobretudo entre mulheres rurais. As mulheres rurais são deixadas num estado de dilema e de elevada taxa de pobreza. São geralmente pequenos operadores, na sua maioria operadores individuais, que operam a partir das suas casas e/ou oficinas, produzindo com tecnologia bastante simples. Autofinanciam a maior parte dos seus investimentos e capital de exploração. (Nigeria Galleria, 2004)

Apesar dos programas louváveis delineados para combater o efeito da pobreza e dos escassos recursos dedicados à redução da pobreza pelos anteriores governos nigerianos, Modupe (2008) observou que o nível de desemprego, especialmente entre as mulheres e os jovens das zonas rurais, continuou a aumentar, ao mesmo tempo que as condições de pobreza pioravam. As mulheres rurais continuam a sofrer problemas sociais como a pobreza e a ignorância. O conhecimento que poderia permitir às mulheres certas produzir mais, produzir as coisas certas e obter mais pelo seu esforço está disponível mas é acessível. Isto deve-se ao facto de os programas não terem produzido os resultados desejados para aliviar a situação de pobreza das mulheres rurais. Por conseguinte, é imperativo examinar o papel desempenhado pelo FIDA-CBARDP na ajuda às mulheres rurais na sua tentativa de sair do ciclo vicioso da pobreza através das actividades de redução da pobreza introduzidas entre as mulheres rurais do Estado de Kebbi.

É neste contexto que este livro avaliou o papel do IFAD-CBARDP na redução da pobreza entre as mulheres rurais no Estado de Kebbi. Assim, este livro deu resposta às seguintes questões de investigação:

(1) Quais eram as caraterísticas pessoais (idade, estado civil, nível de escolaridade e profissão) dos beneficiários na área de estudo?

(2) Quais foram as várias actividades/assistência de desenvolvimento rural com base nas mulheres prestadas aos beneficiários pelo programa?

(3) Qual era o estatuto de pobreza dos beneficiários antes e depois do programa?

(4) Quais foram as atitudes dos beneficiários em relação ao programa?

(5) Quais foram os principais constrangimentos que afectaram a participação dos beneficiários no programa?

1.3 Objectivos do livro

O objetivo geral deste livro era avaliar o papel do FIDA - CBARDP na redução da pobreza entre as mulheres rurais do Estado de Kebbi, e os objectivos específicos eram

(1) descrever as caraterísticas pessoais dos beneficiários,

(2) identificar as várias actividades/assistência de desenvolvimento rural com base nas mulheres prestadas aos beneficiários pelo programa,

(3) examinar a situação de pobreza dos beneficiários antes e depois do programa,

(4) avaliar as atitudes dos beneficiários em relação ao programa,

(5) identificar os principais condicionalismos que afectaram a plena participação dos beneficiários no programa.

1.4 Hipóteses

Foram testadas as seguintes hipóteses;

1. Não existe uma relação significativa entre as caraterísticas pessoais dos beneficiários, como a idade, o nível de instrução, o estado civil e a sua atitude em relação ao programa.
2. Não há diferença significativa no rendimento dos beneficiários antes e depois do programa.

1.5 Justificação do livro

Recentemente, a implementação do CBARDP usando a abordagem CDD tornou possível para o governo nigeriano visar os pobres e vulneráveis, especialmente as mulheres, como bem como canalizar a assistência ao desenvolvimento para eles. Uma razão para escrever sobre o programa entre as mulheres rurais é determinar e divulgar o que o programa fez para melhorar a vida económica e a condição de vida das mulheres rurais.

O livro pode fornecer aos gestores de projectos e aos decisores políticos um quadro analítico de referência que pode ser utilizado no planeamento de futuros projectos de desenvolvimento rural com o objetivo principal de melhorar a condição das mulheres rurais. Este livro pode, portanto, ter um significado de longo alcance para o Estado de Kebbi, onde existem instituições de desenvolvimento rural, para utilizar a abordagem como forma de atingir os beneficiários-alvo de forma mais eficaz. O livro também examinou os problemas com que os beneficiários se confrontaram durante a participação. Isto teria implicações úteis para a modificação da abordagem de seleção para um desempenho eficaz dos projectos de desenvolvimento rural actuais e futuros.

1.6 Âmbito e limitações do livro

A redação do livro abrangeu o Estado de Kebbi, que é um dos Estados da Nigéria que beneficiou da intervenção do projeto FIDA-CBARDP. No entanto, devido a limitações de tempo e de logística, o livro abrangeu apenas quatro das nove LGAs que beneficiaram do projeto. A seleção da amostra centrou-se especificamente nas mulheres rurais que beneficiaram do programa.

CAPÍTULO DOIS

2.0 O papel dos programas do FIDA e do CBARDP na redução da pobreza

2.1 Conceitos de pobreza

O conceito de pobreza é controverso em vários aspectos, sobretudo nas suas definições, medição, estabelecimento do limiar de pobreza e na identificação e seleção dos pobres. Outra área de controvérsia é se a pobreza é um problema social, económico ou político ou uma combinação de qualquer um dos três (Onimode, 1995). Soroptimist (2010) observou que a pobreza é uma condição abrangente definida por muitas caraterísticas. Além da falta de comida, roupas, abrigo ou cuidados de saúde, a pobreza também inclui a falta de oportunidades para melhorar a vida de alguém. A pobreza é definida de forma mais completa como "uma condição humana caracterizada pela privação sustentada ou crónica de recursos, capacidades, escolhas, segurança e poder necessários para o gozo de um nível de vida adequado e de outros direitos cívicos, culturais, económicos, políticos e sociais" (UNESCO, 2001).

Mafimisebi (2002) afirmou que a pobreza é mais facilmente reconhecida do que identificada. Assim, uma definição universalmente aceitável do termo continua a ser ilusória. Ele opinou que a pobreza é uma situação multi-dimensional, sócio-económica e cultural que transcende a descrição e a análise económica. Afirma que a pobreza assume diferentes formas, nomeadamente: privação fisiológica, social e humana. A privação fisiológica foi classificada em: privação de rendimento, consumo (consumo inadequado de necessidades básicas, alimentos de qualidade e primários) e privação de necessidades humanas básicas (satisfação insuficiente de necessidades básicas, incluindo nutrição, saúde e educação). A privação social pode dever-se à falta de capacidades básicas para viver uma vida longa e saudável com liberdade ou à falta de recursos necessários para participar em actividades habituais. A privação da liberdade humana é a negação do direito e da liberdade ou a falta de dignidade, respeito próprio, segurança e justiça.

De acordo com a Wikipédia, a enciclopédia livre (2009), a pobreza é a falta de coisas comuns, como a educação e o emprego, que ajudam a sair da pobreza e/ou permitem desfrutar do respeito dos . Narayan *et al.* (2000) afirmam que a pobreza é dor. As pessoas pobres sentem a dor física que advém do excesso de comida e das longas horas de trabalho; a dor emocional resultante das humilhações diárias da dependência e da falta de poder, e a dor moral de serem obrigadas a fazer escolhas. Os economistas tendem a encarar a pobreza como uma distância no mesmo continuum em direção ao pleno poder de compra. Esta conceção da pobreza em termos de poder de compra é útil quando se considera "quem é capaz de obter o quê" na sociedade (Ekong, 2003).

Mafimisebi (2002) afirmou que a pobreza pode existir a nível global, nacional, comunitário, familiar e individual. A nível nacional, a pobreza representa um estado de subdesenvolvimento socioeconómico geral resultante da escassez de recursos naturais, da escassez de recursos humanos, da baixa produtividade, do baixo e estagnado rendimento nacional ou PIB, da disponibilidade inadequada de infra-estruturas e serviços sociais e da incapacidade geral de proporcionar um nível de vida decente aos cidadãos comuns. A nível familiar ou individual, a pobreza é a incapacidade de aceder às necessidades básicas da vida (como a alimentação, o vestuário e o abrigo), a incapacidade de cumprir as obrigações económicas e sociais básicas e a falta geral de autoestima.

2.2 Causas da Pobreza

A pobreza tem muitas causas, incluindo as estruturais. É um problema multidimensional, com origem tanto no domínio nacional como no domínio interno. A internacionalização observada nos processos de globalização da economia mundial aprofundou o fosso entre os ricos e pobres no seio das nações e na comunidade internacional, entre o Norte rico e os países pobres do Sul. Em geral, a pobreza das mulheres, de acordo com Amaka (2009), pode ser atribuída à ausência de oportunidades económicas e de autonomia, à falta de acesso a recursos económicos, incluindo crédito, propriedade fundiária e herança, à falta de acesso à educação e a serviços de apoio e à sua participação mínima no processo de tomada de decisões.

As causas da pobreza das mulheres no contexto nigeriano as seguintes: baixo nível de instrução, acesso desigual à educação, casamento precoce, agregados familiares chefiados por mulheres, VIH/SIDA, conflitos internos, discriminação estrutural e sistémica, ambiente jurídico, programa de ajustamento estrutural, divisão rural/urbana, fracasso do Estado, falta de políticas governamentais coerentes que integrem a dimensão do género (Amaka, 2009). De acordo com o PNUD (1997), vários factores contribuem para a situação problemática das mulheres africanas:

- O estatuto de esposa, mãe e trabalhadora no seio da família, o valor atribuído à multiplicidade de filhos; as práticas ancestrais, como a excisão, os casamentos leviratos, a poligamia, os casamentos forçados e os repúdios;
- Sub-inscrição das raparigas e baixa taxa de alfabetização das mulheres (8% em 1990);
- Saúde reprodutiva precária, agregada por exaustão, desnutrição, gravidezes próximas, gravidezes demasiado cedo ou demasiado tarde na vida;
- Emigração em massa de homens jovens e produtivos, aumentando a carga de trabalho das mulheres dentro e fora de casa.
- Inclusão insuficiente da dimensão feminina na conceção de projectos e programas de desenvolvimento.
- Acesso limitado aos recursos económicos, ou seja, à terra, ao crédito e a outros factores de produção.

A Soroptimist (2010) é da opinião de que a pobreza é causada por uma variedade de factores, incluindo a falta de recursos físicos ou geográficos, governos corruptos, guerra, doenças, distribuição desigual de rendimentos, desastres naturais, falta de acesso a recursos e a economia global competitiva, que cria oportunidades para alguns enquanto priva outros. Para as mulheres, o número de factores que contribuem para a sua pobreza aumenta. As mulheres não têm o mesmo acesso aos recursos ou à educação. Em geral, o trabalho que as mulheres fazem é subvalorizado e mal pago, e sua posição subserviente na sociedade restringe sua capacidade de construir novas vidas. De acordo com a Soroptimist (2010), as seguintes são seis razões concretas pelas quais mais mulheres vivem na pobreza do que homens:

- As mulheres ganham menos dinheiro do que os homens. As mulheres têm mais probabilidades do que os homens de receber salários baixos. Apesar de representarem 48% da força de trabalho, são responsáveis por 59% dos trabalhadores que ganham menos de 8 dólares por hora.
- As mulheres não têm acesso à educação. A falta de acesso à educação e o seu

efeito na pobreza não podem ser exagerados para construir uma vida melhor, conseguir um emprego melhor e ser capaz de sustentar uma família. Segundo a UNICEF (2010), o panorama atual das raparigas e das mulheres é desolador. As estimativas actuais apontam para 93 milhões de crianças fora da escola em todo o mundo. A maioria são raparigas e quase 80 por cento delas vivem na África subsariana e no Sul da Ásia.

- O trabalho das mulheres não é remunerado. A grande maioria trabalho das mulheres não é : cuidar da casa, fazer agricultura de subsistência e, mais importante ainda, cuidar das crianças e dos idosos. Uma das "principais razões pelas quais as mulheres são pobres é o facto de continuarem a ser elas a cuidar dos dependentes: As crianças, os idosos e os doentes (Jayatilaka, 2010).

- Mais agregados familiares chefiados por mulheres. Cerca de um terço dos agregados familiares em todo o mundo são atualmente chefiados por mulheres; em certas partes de África e da América Latina, 45% são chefiados por mulheres. As famílias chefiadas por mulheres tendem a ser mais pobres do que as famílias chefiadas por homens (Women and Global Human Rights, 2010)
- O trabalho das mulheres rende menos. Os empregos predominantemente ocupados por mulheres pagam menos do que os ocupados por homens. Por exemplo, o acolhimento de crianças, a produção de vestuário e o comércio a retalho pagam menos do que a construção civil, a condução de camiões e as vendas. Isto pode ser o resultado dos próprios empregos ou do facto de as mulheres estarem sobre-representadas em certas áreas e, portanto, subvalorizadas (Comité da Plataforma de Ação das Nações Unidas, 2003).

- As mulheres vivem mais tempo do que os homens - Porque as mulheres vivem mais tempo do que os homens, as mulheres constituem a maioria das pessoas idosas. Atualmente, as mulheres ultrapassam os homens em cerca de 66 milhões entre as pessoas com 60 anos ou mais. Entre as pessoas com 80 anos ou mais. As mulheres são quase duas vezes mais numerosas do que os homens e, entre os centenários, as mulheres são quatro a cinco vezes mais numerosas do que os homens. Globalmente, 80 por cento dos homens com 60 anos ou mais, mas menos de metade das mulheres desse grupo etário, vivem com um cônjuge. Estima-se que 19% das mulheres idosas vivam juntas. Enquanto apenas 9% dos homens idosos o fazem (Departamento de Assuntos Económicos e Sociais das Nações Unidas).

2.3 Efeitos de Pobreza

Ekong (2003) afirma que os efeitos da pobreza são evidentes na incapacidade de se alimentar bem, na saúde precária e na elevada a problemas de saúde; na mortalidade infantil, na baixa esperança de vida; na habitação precária ou na falta de abrigo; nas famílias monoparentais, nas crianças de rua devido a negligência ou abuso por parte dos pais; na incapacidade de enviar as crianças para a escola; nas elevadas taxas de abandono escolar; desordem mental; prostituição; desenvolvimento de bairros de nas cidades; aumento da emigração masculina das zonas rurais para as zonas urbanas em busca de empregos domésticos; agitação dos jovens desempregados; aumento da toxicodependência (sobretudo do consumo de álcool) e dos crimes violentos; perda de autoestima; impotência ou incapacidade na vida social e política.

A pobreza destrói as aspirações, a esperança e a felicidade (Sen, 1999; Schiller, 2000). Na

Nigéria, tal como noutras nações atingidas pela pobreza, esta é a pobreza que se pode sentir. A pobreza afecta a tolerância para com os outros, o apoio às liberdades cívicas e a abertura aos estrangeiros; afecta as relações positivas com os subordinados, a autoestima e o sentido de competência pessoal; afecta também a disposição para participar nos assuntos da comunidade, a confiança interpessoal e a satisfação pessoal (Inglehart, 1997; Fair banks, 2000). De acordo com Fair bank (2000), a privação de capacidades elementares pode refletir-se em mortalidade prematura, subnutrição significativa (especialmente nas crianças), morbilidade persistente e analfabetismo, entre outros problemas. A esperança de vida e a literacia estão correlacionadas com a produtividade e a prosperidade de uma nação.

Mankiw (2001) afirmou que, no que se refere à Nigéria e a outras sociedades africanas e asiáticas assoladas pela pobreza, um elevado nível de pobreza pode levar à fuga de cérebros e à emigração de muitos dos trabalhadores mais qualificados que não podem usufruir de um nível de vida mais elevado. Além disso, a pobreza conduz à corrupção, à rutura das relações familiares e da vida social, ao aumento da taxa de criminalidade, entre outros vícios. O NISER (2002) afirma que, quando a pobreza está associada a elevados níveis de aspirações económicas e sociais, está criado o cenário para actividades criminosas, nomeadamente a corrupção oficial, o roubo e o tráfico de bens e serviços ilegais. As pessoas que se vêem impedidas de atingir legalmente os objectivos sociais e económicos desejados podem procurar obtê-los ilegalmente.

2.4 Pobreza no mundo

Em todo o mundo, em países ricos ou pobres, a pobreza sempre esteve presente. Atualmente, na maioria dos países, a desigualdade (o fosso entre os ricos e os pobres) é bastante elevada e, muitas vezes, está a aumentar. As causas são numerosas, incluindo a falta de responsabilidade individual, más políticas governamentais, exploração por pessoas e empresas com poder e influência, ou uma combinação destes e de outros factores (Poverty Around the World, 2008). Os últimos dados do Banco Mundial sobre a pobreza no mundo revelam que um número mais elevado de pessoas vive na pobreza do que se pensava anteriormente. Por exemplo, o novo limiar de pobreza é definido como viver com o equivalente a$ 1,25 por dia, 1,4 mil milhões de pessoas vivem nesse limiar ou abaixo dele. Além disso, quase metade do mundo - mais de três mil milhões de pessoas - vive com menos de$ 2,50 por dia e pelo menos 80% da humanidade vive com menos de 1 dólar por dia (Poverty Around the World, 2008).

2.5 Pobreza em África

A magnitude e a expansão da pobreza e a grave ameaça que representa para a estabilidade social, política e económica fazem dela um dos maiores desafios que a África enfrenta no final deste século e no próximo (Mbaya *et al.*, 2002).

De acordo com o PNUD (1998), cerca de 250 milhões de pessoas na África Subsariana sobrevivem com cerca de 1 dólar por dia, enquanto que no Sul da Ásia, África é a região mais pobre do mundo. Cerca de 45% da população africana é pobre em termos de rendimento. Mbaya, *et al.* (2002) descreveu a pobreza como um fenómeno de massa na África Subsariana, onde afecta cerca de 250 milhões de pessoas e continua a alastrar. Segundo ele, quer seja definida em termos puramente monetários ou de acordo com o paradigma do desenvolvimento humano sustentável, a pobreza está a aumentar, como o demonstra o lento crescimento (ou declínio) do PIB real per capita entre 1970 e 1992 e a grave falta de acesso a serviços sociais básicos (saúde, água potável, educação, etc.) para uma parte substancial da população

2.6 Pobreza em Nigéria

A situação da pobreza na Nigéria é motivo de grande preocupação. De facto, a pobreza na Nigéria é tão generalizada e generalizada que a sua redução e erradicação, mesmo a longo prazo, parecem impossíveis (Kola, 2002).

O PNUD (2004) referiu que, apesar das reformas económicas levadas a cabo pelas administrações passada e atual para combater os efeitos nocivos da pobreza, a incidência da pobreza na Nigéria continua a aumentar. A incidência continuou a registar um aumento apreciável entre 1996 e 2004, como se pode ver no quadro seguinte. A pobreza na Nigéria é mais comum nas zonas rurais do que nos centros urbanos, como se pode ver abaixo.

Quadro 1: Nível de pobreza na Nigéria (1980 - 2004)

Ano	Nível de pobreza (%)	Estimativa População (Milhões)	População em Pobreza (Milhões)
1980	27.2	65	7.7
1985	46.3	25	34.7
1992	42.9	91.5	39.2
1996	65.6	102.3	62.1
2004	70.0	126.7	86.7

Fonte: FOS, 2005

Quadro 2: Nível de pobreza na Nigéria urbana e rural 1980 -2004 (%)

Ano	Urbano	Rural
1980	17.2	28.3
1985	37.8	51.4
1992	37.5	46.0
1996	58.2	69.0
2004	43.2	63.0

Fonte: FOS, 2005

Apesar da riqueza petrolífera da Nigéria (a nação é a 6ª de petróleo do mundo), os pobres constituem cerca de 70% da população nigeriana. A descrição da Nigéria como um paradoxo, segundo o Banco Mundial (1996), continua a ser confirmada pelos factos e pelas estatísticas oficiais do país. O paradoxo é que o nível de pobreza na Nigéria contradiz a imensa riqueza do país. Entre outras coisas, o país é enormemente dotado de recursos humanos, agrícolas, petrolíferos, de gás e de grandes recursos minerais sólidos inexplorados, sendo particularmente preocupante o facto de o país ter ganho mais de 300 mil milhões de americanos com um único recurso (o petróleo) durante as últimas três décadas do século XX. Mas, em vez de registar progressos notáveis no desenvolvimento socioeconómico natural, a Nigéria retrocedeu, tornando-se um dos 25 países mais pobres no limiar do século XXI, enquanto se encontrava entre os 50 mais ricos no início da década de 1970. O Banco Mundial (1997) declarou que, utilizando indicadores de pobreza como o nível de alfabetização, o acesso à água potável e o número de pessoas pobres, a Nigéria está abaixo do Quénia, do Gana e da Zâmbia. O seu Produto Nacional Bruto (PNB) per capita também é inferior, enquanto o poder de compra da sua moeda continua a diminuir com o aumento do nível de desigualdade de rendimentos.

Ogwumike e Ekpeyong (1995) referiram que, independentemente do nível de controvérsia associado ao conceito de pobreza e de pobre, uma coisa é certa: existe pobreza na Nigéria e o seu nível é muito elevado. O Índice de Desenvolvimento Humano (IDH) do PNUD colocou a Nigéria na [142ª] posição entre 174 países em 1997 e desceu para a [146ª] posição em 1998, colocando-a entre os quarenta países mais pobres. As caraterísticas da pobreza revelam que, na Nigéria, a pobreza é mais elevada nas comunidades rurais, entre os analfabetos, na agricultura e nos agregados familiares chefiados por mulheres (Alimi *et al.*, 2004).

Na Nigéria, a pobreza tem vindo a aumentar nas últimas décadas. Os relatórios do Banco Mundial mostram que a Nigéria tem um número significativo de populações classificadas como pobres. Por exemplo, o PNUD (1998) mostra que a Nigéria ocupa o [40º] lugar entre os países mais pobres do mundo, enquanto o Banco Mundial (2000/2001) indica que a percentagem de nigerianos aumentou de 42,8% em 1992 para 65,6% em 1999.

De acordo com Obadan (1997), as estatísticas oficiais mostram que, em 1980, a incidência nacional (média) da pobreza era de 28,1% da população. A distribuição da incidência pelos estados da federação mostrava um máximo de 49,5% registado em Plateau (e Nasarawa, que foi desmembrado de Plateau). Isto significa que todos os estados tinham uma incidência de pobreza inferior a 50 por cento. Em 1985, a incidência nacional (média) da pobreza tinha aumentado para 46,3 por cento, com o máximo de 68,9 por cento registado em Bauchi (e Gombe, que foi desmembrado de Bauchi). Em 1996, a média nacional era de 65,6%, com Sokoto, Kebbi e Zamfara (todos antigos Estados de Sokoto) a registarem a incidência mais elevada de 83,6%. Seguem-se Bauchi e Gombe com 83,5%. Em 2000, a incidência da pobreza terá aumentado para 70% a nível nacional.

2.7 Pobreza entre as mulheres

Nigeria poverty in the midst of plenty (1996) referiu que algumas categorias de indivíduos são consideradas particularmente vulneráveis, especialmente os agregados familiares chefiados por mulheres, em particular os que têm filhos demasiado novos para trabalhar. As viúvas e as mães solteiras enfrentam dificuldades especiais quando os seus filhos adoecem, uma vez que ninguém está disposto ou é capaz de as ajudar. Além disso, não dispõem da mão de obra agrícola necessária e não têm meios para a contratar. Os idosos são também vulneráveis, porque as famílias pobres têm cada vez mais dificuldade em sustentá-los. Entre os idosos, as mulheres são um grupo altamente vulnerável. Mas, de todos os pobres, as crianças são as mais gravemente afectadas pela pobreza. O grande envolvimento das suas mães na agricultura e/ou na venda rural significa que não são alimentadas nas alturas certas.

Anup (2010) afirma que a "Feminização da pobreza" é um fenómeno que, infelizmente, está a aumentar. Basicamente, as mulheres são cada vez mais as que mais sofrem com a pobreza. Richard (1999) afirmou que, ao mesmo tempo que as mulheres produzem 75 a 90 por cento das culturas alimentares no mundo, são responsáveis pela gestão dos agregados familiares. Segundo as Nações Unidas, em nenhum país do mundo os homens se aproximam das mulheres no que se refere ao tempo dedicado ao trabalho doméstico. Além disso, apesar dos esforços dos movimentos feministas, as mulheres do centro (países ocidentais mais ricos) continuam a sofrer de forma desproporcionada, conduzindo ao que os sociólogos designam por "feminização da pobreza", em que dois em cada três adultos pobres são mulheres. O slogan informal da década das mulheres passou a ser "as mulheres fazem dois terços do trabalho mundial, recebem 10% do rendimento mundial e possuem 1% dos meios de produção". Segundo Anup (2010), isto afecta as crianças, o que torna a sua situação ainda pior. Por exemplo, mesmo no país mais rico do mundo, os EUA, os mais pobres são as mulheres, que cuidam das crianças.

A UNIFEM (1996) observou que, dos 1,4 mil milhões de pessoas em todo o mundo que vivem em condições de pobreza extrema (menos de 1 dólar por dia), 70% são mulheres. Mayra (1998) afirmou que, em 1996, o Programa das Nações Unidas para o Desenvolvimento (PNUD) introduziu um novo índice no seu relatório anual sobre o desenvolvimento humano, que reflecte a percentagem de pessoas que carecem de três elementos essenciais básicos; capacidades: estar bem nutrido e saudável, reproduzir-se de forma saudável e ter educação. Este índice mede principalmente a privação das mulheres, uma vez que duas das três medidas desvantagens que são específicas das mulheres. Segundo o autor, os cálculos mostram que 37% da população dos países em desenvolvimento, ou seja, 1,6 mil milhões de pessoas, carecem destes três elementos essenciais de bem-estar, enquanto apenas 21%, ou seja, 900 milhões de pessoas, são "pobres em termos de rendimentos", com rendimentos inferiores ao limiar de pobreza definido pelo Banco Mundial. A maioria dos 700 milhões de pobres "extra" são mulheres.

2.8 Fundo Internacional para a Agricultura Desenvolvimento

O Fundo Internacional de Desenvolvimento Agrícola (FIDA) é uma agência especializada das Nações Unidas, dedicada à erradicação da pobreza e da fome nos países em desenvolvimento. Trabalha em zonas rurais remotas do mundo para ajudar os países a atingir os Objectivos de Desenvolvimento do Milénio. Através de empréstimos e subvenções a juros baixos, o FIDA desenvolve e financia projectos que permitem às populações rurais pobres ultrapassar a pobreza.

O FIDA combate a pobreza não só como credor, mas também como defensor dos pequenos agricultores, pastores, pescadores, trabalhadores sem terra, artesãos e povos indígenas que vivem nas zonas rurais e representam 75 por cento dos 1,2 mil milhões de pessoas extremamente pobres do mundo. O FIDA trabalha com governos, doadores, organizações não governamentais, comunidades locais e muitos outros parceiros para combater as causas subjacentes à pobreza rural. Actua como um catalisador, reunindo parceiros, recursos, conhecimentos e políticas que criam as condições em que as pessoas pobres das zonas rurais podem aumentar a produtividade agrícola, bem como procurar outras opções para obter rendimentos. Os programas e projectos de desenvolvimento rural apoiados pelo FIDA aumentam o acesso das populações rurais pobres aos serviços financeiros, aos mercados, à tecnologia, à terra e a outros recursos naturais. Setenta e cinco por cento das pessoas mais pobres do mundo - 1,05 mil milhões de mulheres, crianças e homens - vivem em zonas rurais e dependem da agricultura e de actividades conexas para a sua subsistência. Trabalhando com as populações rurais pobres, os governos, os doadores, as organizações não governamentais e muitos outros parceiros, o FIDA concentra-se em soluções específicas para cada país, que podem envolver o aumento do acesso das populações rurais pobres aos serviços financeiros, aos mercados, à tecnologia, à terra e a outros recursos naturais.

2.9 Avaliação das estratégias de redução da pobreza em Nigéria

A redução da pobreza é o desafio mais difícil que qualquer país do mundo em desenvolvimento enfrenta, onde, em média, a maioria da população é considerada pobre. Os dados relativos à Nigéria mostram que o número de pessoas em situação de pobreza tem continuado a aumentar. Por exemplo, o número de pessoas em situação de pobreza aumentou de 27% em 1980 para 46% em 1985; diminuiu ligeiramente para 42% em 1992 e aumentou muito acentuadamente para 67% em 1996. Em 1996, as estimativas indicavam que mais de 70% dos nigerianos viviam na pobreza. Foi por isso que o governo declarou, em novembro de 1999, que o orçamento de 470 mil milhões de euros para o ano 2000 era "para aliviar a pobreza". Antes mesmo de a Assembleia Nacional aprovar o orçamento para 2000, o governo obteve uma aprovação para afetar 10 mil milhões de euros ao programa de alívio da pobreza. No orçamento de 2001, o governo aumentou a dotação do programa de alívio da pobreza. No orçamento de 2001, o governo aumentou a dotação do programa de alívio da pobreza em 150%. Esta ideia de redução da pobreza foi recebida com grandes esperanças, especialmente tendo em conta a rapidez com que a atual administração resolveu o problema do combustível logo que chegou ao poder. O alívio da pobreza foi visto como um meio através do qual os governos poderiam revitalizar a economia abalada e reconstruir a autoestima da maioria dos nigerianos que tinham sido desumanizados durante os regimes militares passados (Fidelis, 2005).

2.10 Alívio à pobreza Estratégias

De acordo com Kola (2002), o Governo Federal, ao aperceber-se da gravidade da pobreza no país desde 1972, envidou muitos esforços e programas para a atenuar. Em 1976, por exemplo, o então chefe de estado militar, General Olusegun Obasanjo, introduziu a Operação Alimentar a Nação (OFN) para reduzir a pobreza através da melhoria da produção alimentar. Desde então, foram também criadas várias agências para resolver esta questão. Estas incluem, entre outras.

- Banco Cooperativo Agrícola Nigeriano (NACB) - 1972
- Projeto de Desenvolvimento Agrícola (ADP) - 1972
- Unidade Federal de Coordenação Agrícola (FACU) - 1981
- Direção Nacional do Emprego (NDE) - 1986.
- Direção de Alimentação, Estradas e Infra-estruturas Rurais (DFFRI) 1986
- Regime Nacional de Seguro Agrícola (NAIS) _ 1987.
- Programa "Better Life" (BLP) _ 1987
- Comissão Nacional para a Educação Nómada (CNE) - 1989
- Banco Popular da Nigéria (PBN) _ 1989
- Comissão Nacional para a Literacia de Massa (CNLM) _ 1990
- Banco Comunitário (BC) _ 1990
- Conselho Nacional dos Bancos Comunitários (NBCB) - 1991
- Agência Nacional de Cuidados de Saúde Primários (NPHCA) - 1992
- Agência dos Fundos para as Actividades Populacionais (PAFA) - 1993
- Programa de apoio à família (PSF) _ 1994
- Agência Nacional de Desenvolvimento das Terras Agrícolas (NALDA)
- Programa de promoção económica das famílias (FEAP) - 1997
- Agência Federal de Proteção do Ambiente (FEPA) - 1998
- Projeto Comunitário de Redução da Pobreza (CBPRP) _ 2003

Tudo isto para além da assistência que foi recebida de agências doadoras internacionais, tais como: Programa das Nações Unidas para o Desenvolvimento (PNUD). Conselho da

Agenda Populacional Africana (APAC), Fundo das Nações Unidas para as Actividades Populacionais (FNUAP), Organização Internacional do Trabalho (OIT), Fundo das Nações Unidas para a Mulher (UNIFEM), Organização para a Alimentação e a Agricultura (FAO), Banco Mundial/Associação Internacional de Desenvolvimento (AID), Organização das Nações Unidas para o Desenvolvimento Industrial (ONUDI), Fundo das Nações Unidas para a Infância (UNICEF), Organização das Nações Unidas para a Educação, a Ciência e a Cultura (UNESCO), Organização Mundial de Saúde (OMS), Programa das Nações Unidas para a SIDA (UNAIPS), Fundo Fiduciário Unilateral (UTF) da FAO, Agência dos Estados Unidos para o Desenvolvimento Internacional/Serviços de Informação dos Estados Unidos (USAID/USIS), Fundação para a Alimentação da África Ocidental e Departamento para o Desenvolvimento Internacional (DFID) do Reino Unido.

De igual modo, as ONG do país que têm desempenhado um papel ativo e proeminente na redução da pobreza incluem as seguintes: Associação Nacional das Pequenas Indústrias (NASSI), Associação Nacional das Câmaras de Comércio, Indústrias, Minas e Agricultura (NACCIMA), Associação Nacional dos Pequenos e Médios Empresários (NASME) e Associação dos Fabricantes da Nigéria (MAN).

Tudo isto constitui uma enorme margem de manobra institucional para resolver o problema. No entanto, é evidente que isso não é . Qualquer estratégia de redução da pobreza que não diferencie homens e mulheres não pode ser eficaz.

Na Nigéria, as medidas de redução da pobreza aplicadas até à data centraram-se mais no crescimento, nas necessidades básicas e nas abordagens de desenvolvimento rural. Por exemplo, durante

2.10.1 A era pré-SAP

A redução da pobreza nunca foi o foco direto do planeamento e da gestão do desenvolvimento. O governo só se preocupou com a redução da pobreza de forma indireta. Por exemplo, os objectivos do primeiro Plano de Desenvolvimento Nacional da Nigéria incluíam o desenvolvimento do acesso a estas oportunidades. Estes objectivos, se alcançados, poderiam sem dúvida levar à redução da pobreza. Do mesmo modo, o Quarto Plano de Desenvolvimento Nacional, que parecia ser mais preciso na especificação dos objectivos associados à redução da pobreza, dava ênfase ao aumento do rendimento real do cidadão médio, bem como à redução da desigualdade de rendimentos, entre outras coisas (Ogwumike, 1987). Durante esta era dos planos de desenvolvimento nacional, muitos dos programas que foram postos em prática na Nigéria pelo governo (quer na totalidade, quer em associação com agências internacionais) tiveram efeitos positivos na redução da pobreza, embora a população-alvo de alguns dos programas não tenha sido especificada explicitamente como pessoas ou comunidades pobres (Ogwumike, 1995).

Por exemplo, as autoridades de desenvolvimento das bacias hidrográficas (RBDA). Os programas de desenvolvimento agrícola (ADP), o regime de garantia do crédito agrícola (AGGS), o regime de eletrificação rural (RES). E o Programa de Banca Rural (RBP). A maioria destes programas foi concebida para atingir objectivos como a criação de emprego, o aumento da produção e dos rendimentos agrícolas e a contenção da migração rural-urbana, que sem dúvida afectou a redução da pobreza. Apesar de alguns destes programas terem tido um grau de sucesso significativo, a maior parte deles não conseguiu manter-se. De facto, com o tempo, muitos deles fracassaram devido ao desvio do seu objetivo inicial. Por , a Banca Rural e o Esquema de Garantia de Crédito Agrícola não conseguiram, em muitas fases, fornecer o crédito desejado para a transformação agrícola e rural, porque muitas poupanças foram mobilizadas nas zonas rurais para depois serem desviadas para as zonas urbanas sob a forma de créditos/investimentos.

Outros programas notáveis relacionados com a redução da pobreza que foram postos em prática na Nigéria antes advento Programa de Ajustamento Estrutural (PAE) incluem a Operação Alimentar a Nação (OFN), criada em 1977. O Ensino Primário Gratuito e Obrigatório (EPFC), criado também em 1977, e a Revolução Verde foram criados para impulsionar a produção agrícola e melhorar o desempenho geral do sector agrícola, entre outras coisas. Estes programas tiveram um impacto louvável e melhoraram a qualidade de vida de muitos nigerianos. Mas os programas não puderam ser sustentados devido à falta de vontade e empenhamento políticos, à instabilidade política e ao envolvimento insuficiente dos beneficiários nos programas (CBN Enugu Zone, 1998).

2.10.2 A era SAP

Os esforços políticos conscientes do governo para reduzir a pobreza começaram na Nigéria durante a era do Programa de Ajustamento Estrutural (PAE). A grave crise económica que atingiu a Nigéria no início da década de 1980 piorou a qualidade de vida da maioria dos nigerianos.

O governo fez um esforço determinado para travar a crise através da adoção do PAE. No entanto, a implementação do PAE agravou ainda mais as condições de vida de muitos nigerianos, especialmente dos pobres, que eram o grupo mais vulnerável. Este facto levou o governo a conceber e implementar muitos programas de alívio da pobreza entre 1986 e 1993. Também no âmbito da desregulamentação orientada, que abrangeu o período de 1993 a 1998, o Governo pôs em prática mais programas de redução da pobreza. O quadro 3 apresenta um resumo dos vários programas de combate à pobreza que o Governo da Nigéria pôs em prática desde 1986.

Quadro 3: Programas de luta contra a pobreza do Governo da Nigéria.

Programa	Ano estabelecido	Grupo-alvo	Natureza da intervenção
Direção-Geral da Alimentação. Estradas e zonas rurais infra-estruturas (DFRR1)	1986	Zonas rurais	Estradas secundárias, abastecimento de água abastecimento e eletrificação rural.
Direção Nacional Direção Nacional de emprego (NDE)	1986	Jovens desempregados	Formação, finanças e orientação
Programa "Better Life" (BLP)	1987	Mulheres rurais	Programas de autoajuda e de desenvolvimento rural, aquisição de competências e cuidados de saúde.

Banco Popular da Nigéria (PBN)	1989	Desprivilegiados em zonas rurais e urbanas	Incentivar a poupança e facilidades de crédito
Banco Comunitário (BC)	1990	Rural residentes, microempresas em zonas urbanas	Serviços bancários
Programa de apoio à família (PSF)	1994	Famílias em zonas rurais	Prestação de cuidados de saúde, bem-estar das crianças, juventude desenvolvimento, etc.
Programa de promoção económica das famílias (FEAP)	1997	Zonas rurais	Facilidades de crédito para apoiar o estabelecimento de indústrias caseiras

Fonte: Oladeji e Abiola, (1998).

2.10.3 A era democrática

No início do atual governo democrático, muitos nigerianos foram levados a acreditar que a redução da pobreza era o objetivo final do atual governo. O Governo lançou o Programa de Alívio à Pobreza (PAP), que tinha como objetivo a criação de emprego. No entanto, no final da execução do orçamento de 2000, muitos nigerianos ainda tinham sentido o impacto do programa governamental de alívio da pobreza, tal como o monstro chamado escassez de combustível, a pobreza parece ter desafiado os esforços do atual regime. Várias razões podem ser responsáveis por este facto, incluindo a incapacidade de identificar os pobres e a natureza da sua pobreza. Não há dúvida de que o desemprego é um problema grave na Nigéria atual. Mas a pobreza não é sinónimo de desemprego. Alguns dos pobres têm emprego e outros . Por conseguinte, a redução sustentável da pobreza exigirá não só a identificação correta dos pobres (incluindo as suas caraterísticas e estratégias de sobrevivência).

O atual governo já medidas para racionalizar as várias agências cujas actividades têm impacto na redução da pobreza. Continua a ser necessário examinar as leis que dão origem ou perpetuam a pobreza. Para tal, será necessário rever radicalmente a propriedade dos bens e o acesso aos serviços sociais, com especial destaque para a educação e a saúde. O governo também tentou reduzir a pobreza nos últimos tempos através de uma revisão em alta dos salários e remunerações. Por exemplo, aqueles que foram empurrados para a pobreza temporária ou transitória, especialmente na função pública e durante o SAP, estão gradualmente a sair da pobreza através deste processo. No entanto, as tendências inflacionistas que acompanham frequentemente esses aumentos salariais devem ser controladas, assegurando o aumento da oferta agregada de bens e serviços. Isto exige estruturas de incentivo que possam encorajar um investimento adequado nos sectores reais da economia (Egware, 1997).

Embora a redução da pobreza no orçamento de 2001 pareça centrar-se nesse aspeto do orçamento afetado ao programa. No entanto, muitos outros aspectos do orçamento em termos de projectos, embora não deliberadamente concebidos para combater a pobreza, poderiam ter um enorme impacto na redução da pobreza se fossem devidamente implementados. Com base na informação disponível através do orçamento, os seguintes domínios podem ser considerados como estando relacionados com a redução da pobreza.

- O desenvolvimento agrícola e rural constitui um importante fator de redução da pobreza em qualquer economia em que a pobreza seja um fenómeno rural, como é o caso da Nigéria. Um sector agrícola bem sucedido deve fornecer a maior parte das necessidades alimentares, fornecer matérias-primas agrícolas ao sector transformador e proporcionar emprego e rendimentos adequados aos agricultores.
- O ensino básico pode lançar as bases para a formação de capital humano através do processo de aquisição de competências.
- Os serviços básicos de saúde podem melhorar o estado de saúde da população e, por conseguinte, a sua participação no processo de produção.
- A água e o saneamento são fundamentais para uma vida saudável. O tempo perdido na procura de água por mulheres e crianças pode ser poupado e desviado para outras utilizações.
- Uma habitação adequada e a preços acessíveis pode facilitar uma vida calma e saudável, aumentando assim a produtividade.

O efeito destes aspectos do orçamento na redução da pobreza dependerá da capacidade do governo para estabelecer prioridades nas suas despesas com os recursos hídricos, a saúde, a educação, a agricultura, o desenvolvimento rural e os transportes. A tónica deve ser colocada na minimização das fugas quando e onde quer que o subsídio seja aplicado (Egware, 1998).

Para conseguirmos uma redução efectiva da pobreza na Nigéria, devemos, antes de mais, identificar quem são os pobres e a natureza da sua pobreza. Os dados disponíveis mostram que os pobres se encontram principalmente nas zonas rurais, com uma proporção crescente nas zonas urbanas. Os pobres dedicam-se principalmente à agricultura e as famílias chefiadas por mulheres tendem a registar uma elevada incidência de pobreza. Além disso, a incidência da pobreza não está distribuída uniformemente pelos estados/zonas; por conseguinte, a redução da pobreza deve ter em conta estas diferenças para ser eficaz. O movimento cooperativo em algumas partes do país, como o Sudoeste, está atualmente a ter um grande impacto na redução da pobreza entre os seus membros. Temos de examinar de perto algumas destas organizações e pedir-lhes emprestada uma folha na nossa tentativa de reduzir efetivamente a pobreza, especialmente entre os empregados e os subempregados (Egware, 1998).

2.11 A Teoria Sistémica da Pobreza

Para compreender a pobreza das nações, a análise da economia política deve ser efectuada na perspetiva da teoria dos sistemas, abrangendo sistemas e estruturas do global ao local. Por conseguinte, esta investigação baseia-se na teoria dos sistemas, que sugere que, se os problemas puderem ser vistos e resolvidos na base, isso pode significar que o mesmo problema na parte superior é diretamente resolvido, porque todas as estruturas, desde a parte superior até à base, estão interligadas.

Teoria dos Sistemas "Considera constantemente o universo como um único ser vivo, com uma substância e uma alma; e observa como todas as coisas têm referência a uma perceção, a perceção deste único ser vivo; e como todas as coisas agem com um movimento; e como todas as coisas são as causas cooperantes de todas as coisas que existem; observa também o fiar contínuo fio e a contextura da teia. Todas as coisas estão implicadas umas com as outras, e o vínculo é sagrado; e não há quase nada desconectado de quaisquer outras coisas. Porque as coisas foram coordenadas e combinam-se para formar o mesmo universo. Pois há um universo composto de todas as coisas, e um Deus que permeia todas as coisas, e uma substância, e uma lei, e uma razão."

Um sistema é uma estrutura organizada de massa e energia que existe numa dimensão de tempo e espaço. Mais do que um conjunto de partes, uma vez organizado, o sistema tem propriedades que não estão presentes quando as partes estão separadas. Todas as coisas podem ser vistas como um sistema e/ou como parte de um sistema, composto por sistemas e interagindo com outros sistemas. Os sistemas apresentam uma qualidade circular e cíclica no seu funcionamento. Certos princípios aplicam-se a todos os sistemas, enquanto outros princípios são exclusivos de tipos específicos de sistemas. Todos estão interligados e afectam outros sistemas em graus variáveis. Todos os sistemas estão em constante mudança e encontram-se em equilíbrio dinâmico uns com os outros.

A teoria dos sistemas resume conceitos que se aplicam a todos os sistemas. (1) A prova é evidente a partir da observação e do teste da aplicabilidade da teoria dos sistemas a todos os sistemas. A teoria dos sistemas é útil na abordagem de problemas complexos. A maioria de nós utiliza uma abordagem sistémica para a resolução de problemas, embora raramente seja rotulada como tal. A teoria dos sistemas é bastante lógica e é compatível com a nossa experiência; no entanto, não pode ser provada nem refutada pelo método científico tradicional.

Alguns conceitos básicos são:

- Um sistema contém uma estrutura de componentes organizados de tipos semelhantes e/ou diferentes.
- Nenhum sistema existe isoladamente. Um sistema interage com outros sistemas que podem ser de um tipo semelhante ou diferente.
- O funcionamento de um sistema afecta vários outros sistemas e é afetado por vários outros sistemas.
- Com a possível exceção do universo e do mais pequeno componente de energia ou matéria, todos os sistemas são componentes de sistemas maiores e são compostos por sistemas mais pequenos.
- A interação constante entre sistemas resulta num estado de mudança constante.
- Quando um sistema se mantém estável enquanto se verificam alterações noutros sistemas, está num estado de equilíbrio. O equilíbrio é um conceito fundamental na natureza.
- O tempo é uma dimensão importante e ocorrem efeitos diferentes ao longo do tempo.
- Um sistema exerce um efeito de feed-forward sobre um segundo sistema. Este efeito pode ser estimulante (positivo) ou inibitório (negativo). O segundo sistema pode então exercer um efeito de retroação sobre o primeiro sistema, que pode ser estimulador ou inibidor. A retroação estimulante pode aumentar o efeito inicial, enquanto a retroação inibitória pode diminuir o efeito inibitório.
- A modulação ocorre quando o feedback ou feed-forward é uma combinação

complexa de diferentes efeitos positivos e negativos.

Os sistemas evoluíram ao longo de uma dimensão temporal. Quando olhamos para a estrutura de um sistema, este pode parecer ilógico. Ao estudarmos a história da evolução dos sistemas, compreendemos melhor a estrutura e o funcionamento actuais e futuros dos sistemas.

Evolução dos sistemas ao longo do tempo Criação do Universo Galáxia

⇩

⇩

Sistema

⇩

Terra

⇩

Biosfera Ecossistema Humanidade

⇩

Grupo

⇩

Família

⇩

Fetal

⇩

Desenvolvimento

⇩

⇩

Desenvolvimento

Experiência anterior⇩ erience

Eventos próximos

A combinação de uma abordagem sistémica e evolutiva permite-nos organizar a informação atual de uma forma muito mais eficiente. Esta abordagem é igualmente eficaz para a astrofísica, a biologia, a psicologia, a sociologia, etc. Para adquirir uma teoria válida do funcionamento humano, precisamos de compreender as observações do funcionamento humano em relação aos sistemas internos e externos. A compreensão da teoria dos sistemas, da história e das especificidades de um determinado sistema permite-nos compreender e, por conseguinte, prever melhor o resultado de um acontecimento. Mesmo com esta abordagem, existem limites à nossa capacidade de compreensão e previsão. O Princípio da Incerteza de Heisenberg pode ter uma ampla aplicação em muitos domínios da ciência. Para alargar este conceito, a nossa capacidade de medir e, consequentemente, prever múltiplas variáveis tem limitações.

Algumas questões são muito difíceis de responder, especialmente quando se trata do infinito ou do que existe no fim do tempo e do espaço contínuos, se é que existe um ponto final (ou seja, o que existia antes do início, depois do fim, mais pequeno do que o mais pequeno e maior do que o maior?) Estas questões são abordadas de perspectivas muito diferentes e, por conseguinte, são objeto de um debate interminável. Atualmente, temos de aceitar que ninguém pode compreender a existência ou a natureza de qualquer ponto final do tempo ou do espaço. Uma vez que os sistemas são muito complexos e afectados por um número infinito de outros sistemas, nunca poderemos alcançar a previsibilidade total dos efeitos. Esta visão é um modelo de sistema aberto. Em contrapartida, um modelo de sistema fechado pressupõe que nem tudo afecta tudo, que existe um número finito de variáveis que influenciam um resultado e que, por conseguinte, o resultado é totalmente previsível. Um modelo de sistema aberto ainda nos dá alguma capacidade de previsão. Podemos criar uma hierarquia das variáveis do sistema que parecem ter maior impacto sobre um evento. Quando organizamos estas variáveis, melhoramos a nossa capacidade estatística de previsão, embora nunca consigamos atingir a previsibilidade total.

Cada acontecimento é causado por uma sequência de outros acontecimentos. O último acontecimento causador é a causa próxima; no entanto, acontecimentos mais distantes podem ser mais significativos do que a causa próxima final. É útil compreender a sequência dos acontecimentos, uma vez que cada fase constitui um potencial ponto de intervenção.

- Um acontecimento é o resultado de uma sequência de acontecimentos ao longo do tempo entre ou dentro de sistemas e provoca múltiplos acontecimentos noutros sistemas. Além disso, um acontecimento pode causar uma cascata de outros acontecimentos.
- Um ciclo é uma sequência repetitiva de acontecimentos.
- O ciclismo pode manter o equilíbrio devido a oscilações repetitivas.
- A espiral ocorre quando há um efeito sequencial que amplia o efeito inicial.
- O crescimento consiste em atingir um nível de integração mais elevado.
- Uma espiral de crescimento (ou ciclo de crescimento) ocorre quando a espiral tem um efeito cada vez mais integrador.
- Uma espiral negativa (ou ciclo vicioso) ocorre quando a espiral tem um efeito cada vez mais desintegrador.
- A hierarquia pode ser utilizada para classificar segundo diferentes critérios, como o tamanho, o espaço, o tempo ou a importância das causas e dos efeitos.

Se as pessoas envolvidas na resolução de problemas mantiverem uma mente aberta e utilizarem uma abordagem aberta e multi-sistemas, podemos beneficiar das perspectivas e conhecimentos dos outros. Ocasionalmente, porém, alguns utilizam um sistema fechado, uma abordagem rígida e dogmática de questões complexas, com a visão de que existem verdades absolutas e previsibilidade. Embora as soluções simples para problemas complexos sejam inicialmente reconfortantes, impedem-nos de estar abertos a toda a complexidade de um determinado problema e podem causar problemas ainda mais complexos.

2.12 Atitude Medição

De acordo com Nnamdi (1991), a atitude é uma predisposição organizada para pensar, sentir, perceber e comportar-se em relação a um referente ou objeto cognitivo. As pessoas desenvolvem várias atitudes em relação a diferentes fenómenos, situações e acontecimentos. De acordo com Anthony (2003), a atitude é uma forma caraterística individual de reagir a uma situação ou objeto. Baseia-se na experiência do indivíduo e conduz a determinados comportamentos ou à expressão de determinadas opiniões. Afirmou ainda que a atitude determina a abordagem do trabalhador ao trabalho. De acordo com Nnamdi (1991), existem basicamente três abordagens para a medição da atitude, que incluem

Escalas de Thurston:

Este método implica a definição e a identificação do objeto, a elaboração de um conjunto de afirmações de opinião, algumas positivas, outras negativas, outras neutras e, em seguida, pedir aos inquiridos que indiquem se concordam ou discordam de cada uma de um grande conjunto de afirmações relativas à atitude (Muller, 1986 citado em Nnamdi, 1991):

(i) Igual - intervalos aparentes: Isto envolve declarações que vão de extremamente favoráveis a desfavoráveis, para além de serem desenvolvidos e utilizados itens neutros

(ii) Comparação emparelhada: Este método requer que a comparação de atitudes seja emparelhada em todas as combinações possíveis.

(iii) Intervalos sucessivos: Trata-se de uma extensão do escalonamento por intervalos iguais. Tenta colocar os itens de forma estática num continuum em vez de se basear numa resposta subjectiva dada pelos juízes.

Escala de Guttmann

É de opinião que, se uma pessoa concorda com uma categoria abrangente, deve também concordar com as diferentes partes da categoria. Por exemplo:

- O consumo de drogas é aceitável em qualquer circunstância
- O consumo de drogas é aceitável em casos de doença

Se a pessoa concordar com a pergunta número um, também concordará com a pergunta número dois. Os inquiridos devem concordar com todas as perguntas semelhantes entre si (Muller, 1986 citado em Nnamdi, 1991).

Escala de Likert

Neste método, pede-se aos inquiridos que classifiquem o nível em que concordam ou discordam de uma determinada afirmação. Likert (sem data), citado em Nnamdi (1991), afirmou que é mais fácil medir a atitude em relação a objectos tangíveis do que em relação a objectos abstractos. Por conseguinte, se for necessário medir objectos abstractos, estes devem ser claramente definidos, para que o investigador e o sujeito tenham o mesmo objeto em mente. Afirmou ainda que a maioria dos inquéritos utiliza escalas de cinco pontos que vão do concordo totalmente ao discordo totalmente.

CAPÍTULO TRÊS

3.0 Abordagem metodológica utilizada no livro

3.1 Descrição da área de estudo

O Estado de Kebbi foi desmembrado do antigo Estado de Sokoto em 1991; está dividido em 21 áreas governamentais locais, quatro conselhos de emirados e 35 distritos. Situa-se entre as latitudes $10^0\ 05^1$ e $13^0\ 27^1$ norte e as longitudes $3^0\ 35^1$ e $6^0\ 03^1$ leste. Situado no noroeste da Nigéria, o Estado de Kebbi ocupa uma superfície total de 36 800 quilómetros quadrados. Tem fronteiras comuns com o Estado de Sokoto no eixo nordeste, o Estado de Zamfara na parte oriental, o Estado do Níger na parte sul e a República do Níger na parte ocidental (Nigeria Galleria.com, 2004).

A precipitação começa em abril e termina em outubro, sendo a precipitação mais elevada em julho e agosto. A precipitação anual varia entre 400-800 mm (KSG, 2008). Geralmente, o Estado é caracterizado por temperaturas elevadas, especialmente nos meses de março, abril e maio. A temperatura anual varia entre 21^0C e 38^0C (KARDA,1992a). De acordo com o NPC (2006), o Estado de Kebbi tem uma população estimada em 3.662.103 pessoas. O estado tem quatro tribos principais, que incluem: Hausa, Fulani, Dakarkari e Gungawa, Outras tribos menores incluem Zabarmawa, Dandawa, Kambari, Yorubas e Ibos. O Islão é a religião dominante da população.

O Estado de Kebbi tem um ambiente agrícola viável, uma vez que é dotado de uma elevada fertilidade do solo, de vastas terras agrícolas e de rios economicamente viáveis, como o rio Níger, e é também abrigado por um clima tropical agradável. Devido a estes factores, a agricultura continua a ser a principal fonte de rendimento e, na verdade, a espinha dorsal da economia do Estado. As principais culturas alimentares produzidas na região são o painço, o milho-da-índia, o milho, a mandioca, a batata, o arroz, o feijão, a cebola e os legumes. As culturas de rendimento incluem o trigo, a soja, o gengibre, o amendoim e o tabaco (N.G.C., 2004)

3.2 Processo de amostragem e amostra Tamanho

Foi utilizada a técnica de amostragem aleatória em várias fases para o livro. A primeira fase consistiu na seleção aleatória de quatro áreas da administração local das nove áreas da administração local que participaram no programa. A segunda fase envolveu a seleção aleatória de duas aldeias de cada uma das áreas da administração local selecionadas e, finalmente, os beneficiários foram selecionados de cada uma das aldeias com base numa amostragem proporcional ao tamanho. Assim, foi selecionado um total de 120 beneficiários de um total de 260 beneficiários para o estudo.

Quadro 4: Seleção dos beneficiários com base numa amostragem proporcional à dimensão

Áreas da administração local	Áreas da aldeia	Beneficiários	Não selecionado
Fakai	Baare	35	16
	Uchiri	35	16
Aleiro	Jigar birni	35	16
	Unguwar Lawal	30	14
Shanga	Atuwo	30	14
	Dugutsoho	30	14
Augi	Bangarawa	30	14
	Gudali	35	16
Total		**260**	**120**

Fonte: Inquérito de campo, 2011

3.3 Método de recolha de dados

Foram utilizados dados primários e secundários para a redação do livro. Os dados primários foram gerados através de um questionário estruturado/roteiro de entrevistas concebido e administrado aos beneficiários. Os dados secundários foram obtidos a partir de literatura relevante, como livros de texto, revistas, Internet e documentos oficiais dos gabinetes do FIDA-CBARDP nas Áreas Governamentais Locais afectadas.

3.4 Método de dados Análise

Foram utilizadas estatísticas descritivas, estatísticas inferenciais e uma escala de Likert de 5 pontos para analisar os dados obtidos para este livro. A estatística descritiva sob a forma de médias, distribuição de frequências e percentagens foi utilizada para analisar os objectivos 1, 2, 3 e 5, que visam descrever as caraterísticas pessoais dos beneficiários, identificar as várias actividades/assistência de desenvolvimento com base nas mulheres prestadas pelo programa; determinar o estatuto de pobreza dos beneficiários antes e com o programa e identificar os principais constrangimentos que afectaram os beneficiários na área de estudo, respetivamente.

O objetivo quatro, que consistia em avaliar a atitude dos beneficiários em relação ao programa, foi alcançado utilizando uma escala de Likert de cinco pontos. O teste do qui-quadrado ($X^{2)}$ foi utilizado para testar a primeira hipótese, enquanto a segunda hipótese foi testada com o teste T.

3.5.1 Qui-quadrado Especificações do modelo Modelo X^2

$$x^2 = \sum \frac{(O-E)^2}{E}$$

Onde O= Valores observados

E= Valores esperados

$\sum$= Somatório X^2= Qui-quadrado

3.5.2 O modelo do teste T Especificação

$$t = \frac{X_{(1)} - X_{(2}}{\quad}$$

$$\sqrt{\frac{\delta_1^2}{n_1}+\frac{\delta_2^2}{n_2}}$$

Onde: t= t - estatística de teste

$\underline{X}_1$= Valor médio dos beneficiários antes dos programas X_2 = Valor médio dos beneficiários com o programa

δ^2_1= Variação para os beneficiários antes do programa

δ^2_2 = Variância para os beneficiários do programa

n_1= Dimensão da amostra de beneficiários antes do programa n_2= Dimensão da amostra de beneficiários com o programa

3.5.3 Escala de Likert -

Para avaliar a atitude das pessoas em relação ao programa, sendo uma variável emocional, foi elaborado um conjunto de questões atitudinais relacionadas com o programa e foi pedido aos beneficiários que indicassem os seus sentimentos sobre as mesmas numa escala de Likert de cinco pontos, com as seguintes categorias

Concordo plenamente (SA) =5 Concordo (A) =4

Neutro (N) =3

Discordou (D) =2

Discordo totalmente (DP) =1

As pontuações e as respectivas médias foram então calculadas para cada beneficiário, somando os valores das suas respostas a todas as perguntas e dividindo-os pelo número total de perguntas, respetivamente. As pontuações acima da média indicam uma atitude positiva e as pontuações abaixo indicam uma atitude negativa.

CAPÍTULO QUATRO

4.0 RESULTADOS E DISCUSSÃO

4.1 Caraterísticas pessoais dos beneficiários do

Sabe-se que as caraterísticas socioeconómicas dos membros do agregado familiar afectam o bem-estar ou o nível de vida do agregado familiar, bem como a sua situação de pobreza (Ngaski *et al.*, 2010). A este respeito, as caraterísticas socioeconómicas que foram investigadas incluem a idade, o estado civil e a ocupação, a dimensão do agregado familiar e o nível de educação. Estas caraterísticas foram consideradas variáveis muito importantes. A distribuição dos beneficiários de acordo com as suas caraterísticas pessoais é apresentada na Tabela 5

4.1.1 Idade dos inquiridos

Da tabela cinco, 28% estavam dentro da faixa etária de 32-41 anos. Com uma média de idade de 40,38 anos, isto indica que a maioria dos beneficiários estava na sua melhor idade, na qual possui a energia necessária para realizar actividades geradoras de rendimentos. Isto está de acordo com David et al., (2009) que afirmou que, 15-64 anos é um período que é economicamente produtivo numa população. Além disso, o tamanho da idade média, de acordo com Modupe (2008), mostra que a maioria das mulheres ainda estava na idade económica ativa, o que impedia a possibilidade de maximizar as oportunidades económicas proporcionadas pelo programa.

4.1.2 Estado civil

Com base no estado civil, o quadro 5 indica que a maioria (69%) dos beneficiários era casada. Este quadro indica que os solteiros, casados, divorciados e viúvas beneficiaram do programa. Este resultado está em conformidade com o trabalho de Nwachukwu e Ezeh (2007), que realizaram uma investigação semelhante e referiram que a maioria dos inquiridos era casada.

4.1.3 Agregado familiar dimensão

A partir do quadro 5, 47% dos agregados familiares dominantes são os que têm uma dimensão de 2 a 8 membros e a dimensão média do agregado familiar é de 10 pessoas por casa. Esta grande dimensão do agregado familiar é uma caraterística comum das famílias rurais, especialmente no Norte da Nigéria, onde a poligamia é maioritariamente praticada. Este resultado está em conformidade com as conclusões de sherma *et al* (2003), que efectuaram uma investigação entre famílias de agricultores e relataram que dimensão média da família era superior a seis membros por agregado familiar. De acordo com Nwachukwu e Ezeh (2007), a dimensão do agregado familiar tem algumas implicações na quantidade de mão de obra disponível para as actividades económicas.

4.1.4 Nível de ensino

A distribuição dos beneficiários de acordo com o seu nível de educação é apresentada no quadro 5. O resultado mostra que a maioria (95%) dos beneficiários adquiriu apenas o ensino corânico. Assim, a maior parte dos beneficiários não tinha qualquer educação formal. Este resultado está de acordo com o de Aqeela, *et al.* (2005), segundo o qual dois terços dos mil milhões de pessoas analfabetas no mundo são mulheres e raparigas, e refuta as conclusões de Islam (1997), que afirma que o ensino primário e secundário melhora a compreensão de um programa e a produtividade

4.1.5 Ocupação

Pode observar-se no quadro 5 que a maioria (61,7%) dos beneficiários eram pequenos comerciantes e 0,8% eram funcionários públicos. O resultado implica que muito poucos deles eram funcionários públicos. Este resultado não está em conformidade com as conclusões de Ephhraim *et al.*, (2008) que mostraram que a produção agrícola é, de longe, a fonte de rendimento mais importante, fornecendo mais de 46% do rendimento total das pessoas nos Estados do Níger, Kebbi e Kaduna. A maioria dos beneficiários na área de estudo dedicava-se ao pequeno comércio.

4.1.6 Quinta tamanho

A Tabela 5 revela que dos (22%) que se dedicavam à agricultura, 17% cultivavam menos de 1 ha de terra. Esta constatação implica que a área de estudo não é dominada por mulheres e que as poucas mulheres agricultoras encontradas na área eram agricultoras de pequena escala. Este facto está de acordo com as conclusões de Adeola *et al.* (2008), segundo as quais a maioria das mulheres rurais são agricultoras de pequena escala.

4.1.7 Número de anos passados em participação

A distribuição dos beneficiários de acordo com os anos de participação é também apresentada no quadro 5. O quadro indica que 49% dos beneficiários tinham entre 7 e 9 anos de experiência. Indica também que a maioria delas tinha cerca de 5 anos de experiência. A implicação é que a maioria das mulheres beneficiárias estava familiarizada com as diferentes actividades oferecidas pelo programa.

Quadro 5: Caraterísticas pessoais dos beneficiários (n=120)

Idade (anos)	Frequência	Percentagem (%)
12 -21	8	6.7
22 - 31	26	21.7
32 - 41	34	28.3
42 - 51	33	27.5
52 - 61	14	11.5
62 anos ou mais	5	4.2
Estado civil		
Individual	1	0.8
Casado	82	68.8
Divorciado	3	2.5
Viúva	34	28.3
Dimensão do agregado familiar	56	46.7
2 - 8		
9 - 15	54	45.0
16 - 22	8	6.7
23 anos ou mais	2	1.7
Nível de educação		
Ensino do Alcorão	114	95.0
Ensino primário	3	2.5
Ensino secundário	3	2.5

Ensino superior	0	0
Ocupação		
Agricultura	26	21.7
Comércio	74	61.7
Funcionário público	1	0.8
Artesanato	17	14.2
Outros	2	0.16
Dimensão da exploração (ha)	20	16.7
0.25 - 1		
1.25 - 2	6	5
Período de participação		
Anos 1 - 3	49	40.8
4 - 6	12	10.0
7 e mais	59	49.2
Média	5 anos	

Fonte: Inquérito de campo, 2011

4.2 Actividades de desenvolvimento rural com base nas mulheres apresentadas às mulheres rurais pelo IFAD/CBARDP

Os resultados da tabela 6 indicam que as mulheres rurais da área de estudo participaram em 12 Actividades de Desenvolvimento Rural Baseadas nas Mulheres nas suas localidades. Um olhar mais atento ao projeto indica que poucas delas estavam relacionadas com a agricultura ou com actividades na exploração agrícola e incluem, entre outras, a piscicultura, a produção de vegetais e a extração de óleo, enquanto as restantes eram actividades fora da exploração agrícola, que eram projectos que evoluíram como indústrias rurais de pequena escala. Estas incluem: Alfaiataria, tricô, fabricação de sabão, fabricação de contas, fabricação de creme, produção de bolo de soja, suplemento de leite, parteira e produção de lanches. Esta conclusão é semelhante à de Okunade *et al.*, (2005) que efectuou uma investigação para identificar o projeto de desenvolvimento rural baseado nas mulheres apresentado às mulheres do Estado de Osun. Ele relatou que as mulheres participaram em 12 projectos de desenvolvimento rural baseados nas mulheres nas suas localidades, dos quais sete eram relacionados com a agricultura ou projectos na exploração agrícola, por exemplo, produção de vegetais e criação de animais, e os restantes cinco eram projectos fora da exploração agrícola. Estes incluem o fabrico de sabão e a tecelagem de tecidos.

Tabela 6: Distribuição dos beneficiários com base nas actividades de projeto executadas (n=120)

Actividades de desenvolvimento rural (%)	Frequência	Percentagem
Alfaiataria	24	20.0
Tricotar	8	6.7
Fabrico de sabão	3	2.5
Fabrico de missangas	4	3.3
Fabrico de natas	21	17.5

Bolo de soja	17	14.5
Suplemento alimentar	18	15.0
Obstetrícia	11	9.2
Produção vegetal	4	3.3
Piscicultura	5	4.2
Lanches	1	0.8
Extração de óleo	4	3.3

Fonte: Inquérito de campo, 2011

No que se refere à possibilidade de os beneficiários fazerem as suas escolhas em relação às actividades em que participaram, o quadro 7 mostra que a maioria (88%) dos beneficiários concordou que lhes foi permitido escolher, enquanto 12% referiram que não lhes foi permitido escolher. Em relação ao facto de os beneficiários terem ou não praticado as actividades em que receberam formação, o quadro 7 mostra que a maioria (70%) dos beneficiários praticou as competências adquiridas, enquanto 30% deles não praticaram após a formação. Quanto à razão pela qual os 30% não praticaram as competências, o resultado da tabela 4 revela que 12% deles não tinham capital para iniciar o negócio.

Tabela 7: Distribuição dos beneficiários de acordo com o facto de terem ou não praticado as competências ensinadas e o motivo da não prática. (n=120)

Prática de competências	Frequência	Percentagem (%)
Sim	84	70.0
Não	36	30.0
Razões para não praticar		
Não aplicável	84	70.0
Sem capital	14	11.7
Sem subsídio	1	0.8
O subsídio não era suficiente	4	3.3
Demasiado velho para praticar	6	5.0
Não aprendeu perfeitamente	5	4.2
Não há vendedores ambulantes,	2	1.7
Não incluído	4	3.3

Fonte: Inquérito de campo, 2011

4.3 Assistência prestada pelo programa aos beneficiários

O apoio é por vezes alargado a indivíduos, grupos e comunidades e destina-se a melhorar as suas actividades de subsistência e espera-se que resulte numa melhoria do seu bem-estar. No entanto, o programa forneceu apoio de crédito aos seus beneficiários sob diferentes formas, desde dinheiro a máquinas de bombagem, etc. Com base nestes dados, o resultado do quadro 8 revela que apenas 28% dos beneficiários receberam dinheiro. Este resultado implica que todos os beneficiários receberam apoio do programa.

Quadro 8: Distribuição dos beneficiários de acordo com o tipo de assistência prestada

Assistência	Frequência	Percentagem (%)
Finanças	34	28.3
Alimentos crus	3	2.5
Animais vivos	14	11.7
Máquina de tricotar	1	0.8
Finanças e alimentos crus	16	13.3
Finanças e pecuária	33	27.5
Finanças e extração de petróleo máquina	1	0.8
Finanças e bombagem máquina	2	1.7
Finanças e extensão serviço	16	13.3
Total	**120**	**100**

Fonte: Inquérito de campo, 2011

4.3.1 Valor dos apoios recebidos pelos beneficiários do

A tabela 9 revela o valor do apoio prestado pelo programa aos beneficiários. De acordo com o quadro, a maioria (65,5%) dos beneficiários recebeu entre N10001 e 20000, enquanto apenas 0,8% recebeuN50000,00. Relativamente à utilização do apoio que lhes foi concedido, o quadro 10 indica que 46,7% dos beneficiários utilizaram o apoio para aumentar a produção animal e 15% para aumentar a produção vegetal.

Quadro 9: Distribuição dos beneficiários de acordo com o valor do apoio recebido (n=120)

Valor (N)		Percentagem de frequência (%)
≤ 10000	34	28.3
10001 - 20000	75	62.5
20001 - 30000	2	1.7
30001 - 40000	6	5
40001 - 50000	2	1.7
≥ 50000	1	0.8

Fonte: Inquérito de campo, 2011

4.3.2 Utilizações do apoio dado.

Quadro 10: Distribuição dos beneficiários de acordo com as utilizações do apoio.

Utilização	Frequência	Percentagem
Aumentar a produção vegetal	**18**	**15**
Aumentar a produção animal	**56**	**46,7**
Aumentar as actividades não agrícolas	**46**	**38.3**
Total	**120**	**100**

Fonte: Inquérito de campo, 2011

4.4.1 Situação de pobreza dos beneficiários com base no seu rendimento antes e depois do programa.

Com base na situação de pobreza dos beneficiários, foram considerados nesta investigação os rendimentos da criação de gado e os rendimentos de outras actividades. Estes itens são indicadores da riqueza adquirida por eles e foram utilizados para verificar se os beneficiários tinham ou não melhorado a sua situação de pobreza .

4.4.2 Tipo de animais detidos antes e durante o programa

A tabela 11 mostra que, antes do programa, o número total de animais mantidos pelos beneficiários era de 549, tendo aumentado para 1301 com o programa. Este aumento no número pode provavelmente ser o resultado dos benefícios obtidos com a intervenção. Entre os animais mantidos beneficiários, a criação de cabras ocupava o primeiro lugar, tanto antes como com o programa, seguida da produção de ovelhas. Esta constatação está de acordo com a de Beth (2001), segundo a qual as mulheres reivindicam espécies mais pequenas, como aves de capoeira, cabras e ovelhas, em vez de gado, uma vez que os custos iniciais são mais baixos, o lucro pode ser baixo, mas os riscos também o são, e é menos provável que os homens interfiram.

Tabela 11: Distribuição dos beneficiários de acordo com o tipo de gado que possuíam antes e com o programa

	Antes de			**Com**		
Pecuária	**Frequência**	**Percentagem**	**Classificação**	**Frequência**	**Percentagem**	**Classificação**
Gado	16	2.9	4	30	2.3	4
Ovinos	156	28.4	2	408	31.4	2
Cabra	239	43.5	1st	497	38.2	1st
Aves de capoeira	138	25.1	3rd	366	28.1	3rd
Total	**549**	**100**		**1301**	**100**	

4.4.3 Valor dos animais detidos antes e durante o programa

A partir da tabela 12, o valor médio dos animais detidos pelos beneficiários antes da intervenção do programa era de ₦26200,00, enquanto que, com a intervenção, este valor aumentou para ₦69600,00, o que implica que o aumento do valor dos animais pode ser o resultado do aumento do número de animais.

Quadro 12: Distribuição dos beneficiários de acordo com o valor dos animais detidos antes e durante o programa

Valor(₦)	Antes da frequência	Percentagem	Com frequência	Percentagem
≤10,000	29	24.2	6	5
10,001 - 50,000	39	32.5	60	50
50,001 - 100,000	13	10.8	34	28.3
100,001- 150,000	2	1.7	5	4.2
150,001- 200,000	-	-	4	3.3
≥ 200,001	4	3.3	10	8.3
Total	**87**	**72.5**	**119**	**99.2**
Média	₦26200.00		₦69600.00	

Fonte; Inquérito de campo, 2011

4.4.4 Objectos do agregado familiar detidos antes e durante o programa

A tabela 13 mostra que, antes do programa, o número total de utensílios domésticos que os beneficiários possuíam era de 11. Com o programa, esse número aumentou para 46. Enquanto a maioria (73%) dos beneficiários possuía um rádio como utensílio doméstico antes do programa, 39% deles conseguiram adquirir uma fita com o programa. Este resultado mostra que os beneficiários conseguiram adquirir artigos domésticos com a intervenção do programa do que antes da intervenção. Isto pode ser atribuído ao facto de os seus rendimentos terem aumentado com o programa e, por isso, poderem gastar mais.

Quadro 13: Distribuição dos beneficiários de acordo com o tipo de artigos domésticos que possuíam antes e durante o programa

Artigos	Antes da frequência	Percentagem	Após a frequência	Percentagem
Rádio	8	72.7	11	23.9
Televisão	1	9.1	12	26.1
Fita adesiva	2	18.2	18	39.1
Vídeo	-	-	3	6.5
CD de vídeo	-	-	1	2.2
Costura Máquina	-	-	1	2.2
Total	**11**	**100**	**46**	**100**

Fonte: Inquérito de campo, 2011

4.4.5 Valor dos objectos domésticos detidos antes e com o programa .

O valor dos artigos domésticos representa o valor dos artigos que os inquiridos conseguiram adquirir antes e com o programa. A Tabela 14 mostra que dos 5,8% que adquiriram artigos domésticos antes da participação, 3,3% realizaram menos de ₦ 1000,00 e o valor médio realizado foi de ₦288,33. Com o programa, dos 7,5% que , 10,1% realizaram entre ₦1000- 5000 enquanto o seu valor médio foi de ₦3270,83. Isto implica que apenas alguns dos beneficiários conseguiram adquirir artigos para o lar após o programa e a maioria deles preferiu adquirir gado do que artigos para o lar, porque se acredita o gado gera mais rendimentos.

Quadro 14: Distribuição dos beneficiários de acordo com o valor dos objectos domésticos que possuíam antes e durante o programa.

	Antes de		Com	
Valor (₦)	**Frequência**	**Percentagem**	**Frequência**	**Percentagem**
≤ 1000	4	3.3	3	2.4
1000 - 5000	2	1.7	12	10.1
5001 - 10,000	-	-	6	5
10,001- 15,000	-	-	-	-
15,001- 20,000	-	-	2	1.7
20,001- 25,000	-	-	3	2.4
25,001- 30,000	1	0.8	6	5
≥ 30,001	-	-	1	0.8
Total	**7**	**5.8**	**33**	**27.5**
Média	₦288.33		₦3270.83	

4.4.6 Rendimento dos beneficiários de outras actividades antes e durante o programa .

A Tabela 15 revela que 46,7% dos beneficiários tinham uma renda anual de ≤ ₦20.000, com renda média anual de ₦35900,00 antes do programa. Com o programa, 58% dos beneficiários ganhavam entre ₦20.001 e ₦80.000, com renda média anual de ₦ 75600,00. Isso implica que os beneficiários tiveram mais renda com o programa do que quando não houve intervenção. Este resultado é semelhante ao de Adeola, *et al.* (2008), que realizou uma investigação sobre o efeito do programa especial do Governo Federal no rendimento do arroz e no rendimento dos agricultores, e relatou um aumento do rendimento médio dos inquiridos após o programa em relação ao de antes do programa e concluiu que o programa teve um impacto positivo nos inquiridos.

Quadro 15: Distribuição dos beneficiários de acordo com o seu rendimento anual proveniente de outras actividades antes e com o programa. (n = 120).
Fonte: Inquérito de campo, 2011

	Antes de		**Com**	
Rendimento(₦)	**Frequência**	**Percentagem**	**Frequência**	**Percentagem**
≤ 20,000	56	46.7	14	11.7
20,001-80,000		42.5	70	58
80,000-160,000	12	10	20	16.5
160,000-240,000	1	0.8	12	9.9
240,000-320,000	0	0	3	2.4
>320,000	0	0	1	0.8
Total	**120**	**100**	**120**	**100**
Média	₦35900.00		₦75600.00	

Fonte: Inquérito de campo, 2011

4.4.7 Valor do ativo dos beneficiários antes e depois do programa.

A Tabela 16 revela o valor dos activos dos beneficiários antes e depois do programa. O resultado mostra que a maioria (64,2%) dos beneficiários realizou menos de ₦50000,00, 1,7% realizou entre ₦300, 001 - ₦400, 000, com um valor médio de ₦62300,00. Com o programa, 34,2% dos beneficiários realizaram entre ₦50.001 e N 100.000, 2,5% mais de ₦500.000,00 e o valor médio dos seus activos foi de ₦148.000,00.

Quadro 16: Distribuição dos beneficiários de acordo com o valor do seu ativo antes e com o programa

Valor (₦)	**Antes da frequência**	**Percentagem**	**Com frequência**	**Percentagem**
≤ 50,000	77	64.2	17	14.2
50,001 - 100,000	22	18.3	41	34.2
100,00- 200,000	13	10.8	33	27.5
200,001- 300,000	6	5	14	11.7
300,001- 400,000	2	1.7	8	6.7
400,001- 500,000	-	-	4	3.3
≥ 500,000	-	-	3	2.5
Total	**120**	**100**	**120**	**100**
Média	₦62300.00		₦148000.00	

Fonte: Inquérito de campo, 2011

4.5 Atitude dos beneficiários em relação a IFAD/CBARDP

De acordo com van Den e Hawkins (1996), é mais provável que a atitude das pessoas corresponda aos seus comportamentos. Os resultados do quadro 17 indicam a perceção dos beneficiários em relação ao programa. Os beneficiários concordaram fortemente ou concordaram com a maioria das afirmações fornecidas. As primeiras classificadas foram que o programa era bom para as mulheres e os menos privilegiados (M=4,83), o programa era um dos melhores programas de desenvolvimento rural implementados na Nigéria (M=4,81), o programa ajudou a melhorar a capacidade de geração de rendimentos dos beneficiários (M=4,73). No entanto, os beneficiários discordaram fortemente que o programa tenha piorado a condição das mulheres rurais. A média agregada da atitude em relação ao programa foi de 64,2%, como revelam os resultados da tabela 18, o que indica que, em geral, a atitude dos beneficiários em relação ao programa foi favorável. Este resultado está em conformidade com Banmeke e Ajayi (2008), que realizaram uma pesquisa semelhante e relataram que os inquiridos tinham uma elevada perceção do programa.

Tabela 17: Distribuição dos beneficiários com base na sua atitude em relação à participação no programa (n=120)

Oito auto-construídos atitudinais atitudes para o programa	SA	A	N	D	SD	Média
1. O programa foi bom para as mulheres e para os menos favorecidos privilégios nas zonas rurais	100	20	-	--		4.83
2. O programa foi um dos dos melhores rurais desenvolvimento programas implementados na Nigéria	100	19	-	-1		4.81
3. O programa ajudou a melhorar o rendimento capacidade de produção dos beneficiários	88	32	-	-	-	4.73
4. . O programa melhorou o nível de vida de as mulheres rurais	72	42	1	3	-	4.55
5. O programa não discriminou as mulheres viver com VIH/SIDA	67	38	11	1	3	4.37
6. O programa piorou a situação das mulheres	1	-	-	5	114	1.08
7. O programa abordou os principais problemas de artesãos	53	44	2	17	4	4.04
8. O programa incentivou os jovens a adquirir competências	47	52	5	12	4	4.05

Fonte: Inquérito de campo, 2011

Escala de tipo Likert: concordo totalmente=5, concordo=4, neutro=3, discordo=2, discordo totalmente=1.

Quadro 18: Resumo das pontuações atitudinais (n=120)

GrupoFrequência	Percentagem (%)	
Atitude favorável	77	64.2
Atitude moderada	32	26.7
Atitude menos favorável	11	9.2

Fonte: inquérito no terreno, 2011

4.6 Problemas enfrentados pelos beneficiários durante a participação no programa. Apesar da enorme contribuição do programa para o bem-estar dos seus beneficiários, estes não estavam isentos de problemas. Por isso, este estudo identificou vários problemas enfrentados pelos beneficiários durante a participação na área de estudo. Embora os beneficiários tenham enfrentado uma multiplicidade de problemas, esses problemas foram agrupados e analisados na tabela 19. A tabela revela que 28,3% dos inquiridos não tiveram problema, 14,2% indicaram que o dinheiro que lhes foi dado não era suficiente, a máquina de extração de óleo de amendoim fornecida na sua área não era suficiente e foi um grande problema para apenas 0,8% dos beneficiários.

Quadro 19: Problemas pelos beneficiários durante a participação

Problemas	Frequência	Percentagens
Sem problemas	34	28.3
Não nos foi dado dinheiro	5	4.2
Não nos deram fertilizantes	1	0.8
Problema familiar	2	1.7
Longo processo envolvido na conta abertura	15	12.5
Máquinas não eram não fornecidas após formação	11	9.2
Escassez de água para peixes e legumes produção	12	10.0
Estrada má	10	8.3
As máquinas de extração de óleo não eram suficientes	1	0.8
Muitas mulheres não foram incluídas no programa	4	3.3
O dinheiro dado não era suficiente	17	14.2
Material didático inadequado	8	6.7
Total	**120**	**100**

Fonte: Inquérito de campo, 2011

4.7 Hipóteses Testes

4.7.1 Rendimento antes e com o programa

Olson (1996) relatou que existe uma grande e crescente diferença de rendimento entre as comunidades que receberam intervenções e as comunidades onde o rendimento cresceu muito lentamente, principalmente devido à ausência de intervenção. Este estudo tentou, portanto, comparar o rendimento dos inquiridos quando não havia intervenção com o seu rendimento quando houve intervenção do programa.

A Tabela 20 revela o rendimento médio anual dos beneficiários de outras actividades antes e com o programa. Antes do programa, os beneficiários tinham um rendimento médio anual de 62300,00 USD, ao passo que, com a intervenção do programa, passaram a ter um rendimento médio anual de ~~148000~~,00 ~~USD~~. A diferença foi, portanto, testada e o resultado do teste T mostrou uma diferença significativa no rendimento dos beneficiários antes e com o programa. Este aumento significativo registado indica um efeito positivo do programa entre eles. Isto implica que os meios de subsistência dos beneficiários melhoraram após a intervenção do programa em relação aos que existiam antes do programa. Por conseguinte, a hipótese nula, que afirmava que não havia diferença significativa no rendimento dos beneficiários antes e com o programa, foi rejeitada e a hipótese alternativa foi aceite. Este resultado está em conformidade com as conclusões de Adeola et al. (2008), que afirmam que um aumento significativo do nível de rendimento dos inquiridos é uma indicação do impacto positivo do programa.

Quadro 20: Resumo da análise do teste T da diferença no rendimento médio anual dos beneficiários de outras actividades antes e com o programa.

Inquiridos	Rendimento anual médio ~~(N)~~	Valor T
Antes de	35900.00	.000***
Depois de	75600.00	

Fonte: Inquérito de campo, 2011.

*** Significativo ao nível de 1%.

4.7.2 Relação entre as caraterísticas pessoais procuradas e as dos beneficiários atitude em relação ao programa.

Os resultados do Quadro 21 mostram que não existe uma associação significativa entre a idade ($X^{2=}$ 0,343, P>0,05), o nível de educação (X^2=0,953, P>0,05), o estado civil (X^2=0,202, P>0,05) e a atitude dos agricultores em relação ao programa. Este resultado revela que a idade, o nível de instrução e o estado civil dos inquiridos não afectam a sua atitude em relação ao programa. Este resultado não é inesperado, porque se espera que o programa seja acessível a uma grande variedade de pessoas, independentemente da sua idade e estado civil. No que respeita ao nível de educação, o resultado também não é inesperado, porque a maioria (95%) não tem educação formal. Este resultado não está, portanto, em conformidade com as conclusões de Adekoya e Ajayi (2000), que afirmam que as pessoas com um nível de educação mais elevado têm uma atitude mais favorável do que as pessoas com um nível de educação mais baixo.

Tabela 21: Relação entre as caraterísticas pessoais e a atitude beneficiários em relação ao programa.

Variável	DF	Valor do Qui-Quadrado	Decisão
Idade	10	0.343	Não significativo
Nível de educação	4	0.953	Não significativo
Estado civil	6	0.202	Não significativo

Fonte: Inquérito de campo, 2011

CAPÍTULO CINCO
5.0 RESUMO, CONCLUSÃO E RECOMENDAÇÕES

5.1 Resumo

O estudo foi realizado com o objetivo geral de determinar o papel do IFAD-CBARDP na redução da pobreza entre as mulheres rurais do Estado de Kebbi. A análise indicou que a idade média das beneficiárias era de 40 anos, 69% delas eram casadas, a dimensão média do agregado familiar era de 10 pessoas, 95% delas não tinham educação formal, 62% das beneficiárias tinham como ocupação o comércio e a dimensão média das explorações agrícolas era de 0,225 hectares. Os beneficiários passaram uma média de 5 anos no programa.

Os resultados sobre o tipo de actividades de desenvolvimento rural com base nas mulheres introduzidas na zona rural pelo programa indicaram que as mulheres participaram em doze actividades de desenvolvimento rural com base nas mulheres, das quais três estavam relacionadas com a agricultura ou na exploração agrícola e as restantes eram projectos fora da exploração agrícola. Os resultados sobre a situação de pobreza das beneficiárias com base no rendimento antes e com o programa indicaram que as beneficiárias melhoraram a sua situação de pobreza porque houve um aumento do seu rendimento médio anual com o programa em comparação com o seu rendimento médio anual antes do programa. Ou seja, uma renda média anual de ₦35900,00 foi realizada antes do programa e aumentou para ₦75600,00 com o programa.

Uma avaliação da atitude dos beneficiários em relação ao programa indicou que 64% deles tinham uma atitude favorável em relação ao programa. Enquanto 28% dos beneficiários declararam que não tiveram problemas durante a participação, 14% dos que tiveram problemas declararam que o principal problema foi o facto de o dinheiro que lhes foi dado não ser suficiente.

5.2 Conclusão

Com base nos resultados obtidos neste estudo, o IFAD-CBARDP desempenhou um papel proeminente na redução da pobreza entre as mulheres rurais do Estado de Kebbi através da introdução actividades de desenvolvimento rural baseadas nas mulheres. O resultado também revelou que a intervenção do programa na área de estudo melhorou a situação de pobreza das beneficiárias devido ao efeito positivo que teve no seu rendimento, no valor dos activos e no bem-estar geral ou nos meios de subsistência das beneficiárias.

5.3 Recomendações

Com base nas conclusões deste estudo, foram feitas as seguintes recomendações:

1. O montante do empréstimo concedido aos beneficiários deve ser aumentado.
2. As máquinas de costura e de tricotar devem ser disponibilizadas gratuitamente aos formandos após a formação.
3. Os beneficiários devem ser encorajados pelo pessoal do CBARDP a criar o hábito de poupar dos seus rendimentos para uso futuro.

REFERÊNCIAS

Adekoya, A.E. e Ajayi, M.A. (2000). An Assessment of Farmers' Awareness and Practices of Land Management Techniques in Iddo Local Government Area of Oyo State (Uma Avaliação da Consciencialização dos Agricultores e das Práticas de Técnicas de Gestão de Terras na Área da Administração Local de Iddo do Estado de Oyo). *Journal of Environmental Extension*, 1(1), Pp. 69-75.

Adeola, R.G., O. O. Adebayo e G.O. Oyelere (2008). Effect of the Federal Government special Rice Programme on Rice Yields and Farmers' income in Oyo State (Efeito do Programa Especial de Arroz do Governo Federal na Produção de Arroz e no Rendimento dos Agricultores no Estado de Oyo). *Revista Internacional de Economia Agrícola e Desenvolvimento Rural.* Vol. 1, No.1.

Adisa, B.O e E.O. Okunade (2005).Women in Agricultural Extension in Nigeria. Sociedade de Extensão Agrícola da Nigéria (NESOW) Pp 67 - 77.

Ahmad, L.A. (2007). Relatório do impacto da componente de reforço das capacidades do projeto Fadama 11 do Estado de Kebbi, projeto de relatório. P. 73.

Alaye, O. e O. Evelyn (2008).Rural poverty among women in Nigeria: a case Study of Abuja satellite communities OF Nigeria, St. Clement University.

Alimi, T., A.B. Ayanwale, A.S. Bamire e H.M. Bello (2004). Gender differentials in household poverty reduction activities in Rural *Children Journal of Social Sciences* 9(1): 67 - 73.

Amaka, (2009) Amaka for Kids, Nigéria.` Mulheres e redução da pobreza na Nigéria: From rhetoric to action Disponível (acedido em 4 de julho de 2009) em (http/www.tigweb.org/express/panorama/articlehtm? start 11638 e concurso II).

Anaya, N. (2010). As mulheres e o financiamento do microcrédito na Nigéria: implicações para
Alívio da pobreza e luta contra a vulnerabilidade. Universidade Nnamdi Azikwe, Nigéria.

Aigbokhan, B.E., (1998). *Poverty, Growth and inequality in Nigeria*; A case study, Relatório Final apresentado no workshop do AERC, Nairobi Quénia, dezembro de 1998.

Anthony, O.O (2003). Attitude to work of the Nigerian civil servant (Atitude perante o trabalho do funcionário público nigeriano). *Jornal de Desenvolvimento Internacional,* 5 (1):6-10

Anup,S.(2010). Global issues(acedido em em junho de 19. 2010) Disponível http/www.global.issues.org/article/166/womens - direita.

Aqeela S, Tanvir A, Munir A, e Muhammad Z. 2005 Participação do género nas actividades de produção animal e tendência de consumo de dieta proteica em TEHSIL FATEH JUNG. Pakistan *Journal of AgriculturalScience42*:3-4*http://pakjas.com.pk/upload/12889_..pdf.*

Ater, P.I. J.C. Umeh e W.K. Lawal (2006).Análise comparativa do impacto do programa de expansão de raízes e tubérculos do Banco Mundial na redução da pobreza das comunidades peri - urbanas e rurais no Estado de Benue, Nigéria: *Poster Paper preparado para apresentação na Conferência da Associação Internacional de Economia Agrícola,* Gold Coast, Austrália.

Ayoade, J. A., H. I. Ibrahim e H Y Ibrahim (2009). Analysis of women involvement in livestock production in Lafia area of Nasarawa State, Nigeria *Livestock Research for Rural Development 21 (12) 2009*.

Ayoola, G.B., B. Aina, B. Manina, N. Nweze, F. Odebiyi, B. Okunmadewa, D. Shehu, O. Williams, J. Zasha (2001). Consulting with the poor Nigeria: voices of the poor. Um relatório de síntese nacional Pp 25 - 27.

Babatunde, R.O. (2008). Income portfolios in rural Nigeria: composition and determinants.
Acedido em 23rd de outubro de 2008.

Banmeke, T. O. A. e M.T. Ajayi (2008). A perceção dos agricultores sobre o Centro de Recursos Agrícolas. Um estudo de caso do Centro de Recursos de Ago-Are, Estado de Oyo, Nigéria. *Revista Internacional de Economia Agrícola e Desenvolvimento Rural.* Vol. 1, No.1.

Beth A M 2001 Rights to Livestock Production.2020 Focus No. 06.Pp 1-4.

Banco Central da Nigéria (CBN), (1998). A profile of Regional/Zonal Poverty in: Nigéria: O caso da Zona de Enugu. Em leasing and monitory poverty in Nigeria, *procedimento da Sétima Conferência Anual das Unidades de Investigação Zonal.*

David,H.D.,S. Abdulrahman, R.M. Sani, S. Kushawa e M. Nasiru (2009). Resource use efficiency in irrigated crop production by Fadama users in Bauchi State, Nigeria. Implicações para a segurança alimentar e a redução da pobreza. Actas da 23.a conferência anual de gestão agrícola da Nigéria, Faculdade de Agricultura, Universidade Usmanu Danfodiyo, Sokoto, Nigéria, 14 th - 17 th de dezembro de 2009.

Egware, L. (1997). "*Poverty* and Poverty Alleviation: Nigeria's Experience". In Poverty Alleviation in Nigeria, selected papers for the 1997 *Annual Conference of Nigeria Economic Society.*

Ekong, E.E. (2003). Poverty and Rural Development in Nigeria - *An Introduction To Rural Sociology (*Pobreza e Desenvolvimento Rural na Nigéria - *Introdução à Sociologia Rural).* Dove Educational Publishers 394P.

Elumilade, D.O., T. O. Asaolu, e S.A. Adereti (2006).Appraising the Institutional Framework for Poverty Alleviation programs in Nigeria. *Jornal Internacional de Finanças e Economia* 3:66-77.

Ephraim, N., P. Dayo, O. Adetunji, M. Tewodaj, K.Y. Muhammed, A. Gbenga, P.John, A. Tunji, I. Frank e K. Edward (2008). From the ground up impacts of a pro- poor community project in Nigeria. Documento de discussão do IFPRI 00756. pp. 1- 23.

Etim, N.A. (2007). Analysis of poverty status of rural farm households in AkwaIbon State, Nigeria in: Etim, N.A e V.A Solomon. Determinants of rural poverty among broiler farmers in Uyo, Nigeria. Implication for rural household's food security *Journal of Agric Social Science,* 6:24 - 28.

Etim, N.A, B.B Esu, G.E Edet, S. Okon e I.P. Solomon (2008). Poverty among Peri - urban farming households. An estimation of its determinants in: Osakwe, I.I., L.G. Ekwu, E. Utobo e C.N. Mbah (Eds). *Actas da* [42a] *Conferência Anual da Agricultural Society of Nigeria realizada na Ebonyi State University Abakaliki* Pp 877 - 880.

Fair Banks, M. (2000).*Changing the mind of a nation:* Lawrence E.H. e S.P. Huritington, (Eds) Elements in a process for creating prosperity. In culture matters, Nova Iorque, Basic Books. Pp 270 - 280.

Gabinete Federal de Estatística (F.O.S). (2005) *Poverty Profile for Nigeria:* 1980 - 2004.

Howard, P.Z. (2005).Investing in Agriculture as an engine of Economic Growth:
Descobrir os factores determinantes da estratégia de desenvolvimento rural do Banco Mundial.
Conferência Anual de Estudantes do Departamento de Ciência Política. Universidade de Columbia.

Atualização das TIC, (2010). *Um boletim de sensibilização atual para a agricultura ACP, CTA, número 53.*

Fundo Internacional para o Desenvolvimento Agrícola (FIDA), (2001).*Rural Poverty report,* the challenges of ending rural poverty Rome Pp. 18 - 20

Fundo Internacional para o Desenvolvimento Agrícola (FIDA), (2003). (acedido em 19 de julho de 2010) de www.ifad.net

Fundo Internacional para o Desenvolvimento Agrícola (FIDA), (2004). Workshop de Formação em Análise Sócio-Económica e de Género para projectos do FIDA na Nigéria, Katsina, Nigéria. 22-26 de novembro de 2004.

Fundo Internacional de Desenvolvimento Agrícola (FIDA), (2006) o efeito da pobreza numa pescaria artesanal, Sudoeste de Madagáscar (Acedido em 13 de agosto de 2010). Dewww.reefdoctor.org/.../Effect-poverty - Artesanal - pesca - SW - Madagáscar - Projeto - Proposta - No - 07, pdf.

Fundo Internacional para o Desenvolvimento Agrícola (FIDA), (2007) IFAD strategic frame work 2007-2010. IFAD enables poor rural People to overcome poverty (acedido em 13 de agosto de 2010). Disponível em www.ifad.org/sf

Inglehart, R. (1997). *Modernization and Post Modernization:* Cultural Economic, and Political change in fourty-three societies (Princeton: Princeton University Press).

Islam,N. (1997). The Nonfarm sector and Fund Development Review of issues and evidence. Food Agricultural Enviroment discussion paper No.22 Washington DC, IFPRI

Jayatilaka, G. (2010). As mulheres e a armadilha da pobreza. I village (acedido em 17 de junho de 2010) a partir de www.ivillage.co.uk.

Jiaqi, X.N., T. Zanchernuk e Z. Yongjun (2004). Sustainable poverty alleviation Model for community forestry in a mountainous region of China In: Sin, H.C., S. Appanah e W.M. Lu (Eds). *Actas do workshop, Forests for poverty reduction: can community forestry make money?* Realizado em Pequim, China.

Jhingan, M.L., (2003). *Desenvolvimento e Planeamento Económico*. 33ª ed., Cambridge University Press, Cambridge. Cambridge University Press, Cambridge.

KARDA(1992a).Kebbi Agricultural and Rural Development Authority, Basic Information P. 17.

Governo do Estado de Kebbi (KSG) (2008). O diário do Estado de Kebbi da Nigéria. Land of equity, Government press Birnin-Kebbi Pp. 1-4.

Khan, M. H. (2001).*Rural poverty in developing countries implication for public* policy. P. 1.

Kola, O. (2002). *Gender Dimension of poverty alleviation in Nigeria* workshop on gender and sustainable development. Centro Nacional de Gestão e Administração Económica, Ibadan, (NCEMA) 26 a 30 de agosto.

Mafimisebi, T.F. (2002). *"Rural Infrastructure and poverty reduction in Nigeria" (Infra-estruturas rurais e redução da pobreza na Nigéria).* Poverty Reduction and the Nigeria Agric sector (Redução da pobreza e o sector agrícola da Nigéria) Pp 91 - 100.

Mankiw, N.G. (2001). *Principle of Economics* (2nd edition) Horwarth: Harcourt College.

Mbaya, K., G. Luc - Joel, L. Hugues, O. Harouna (2002). *Poverty eradication Where stands in Africa?* Londres Idim 8LB económico Ltd impresso em França.

Mayra, B. (1998). *Women in poverty:* A new global underclass, Washington, D.C. Na WID - 101.

Mgbada, J.U. (2002). Production of Staple Crops by Rural Women in Enugu and Ebonyi States: Lessons for Enhancing Poverty Alleviation Programmes (Lições para melhorar os programas de redução da pobreza). In: Olowu T A (Editor) Agricultural Extension and Poverty Alleviation in Nigeria. Procedimentos da Sociedade de Extensão Agrícola da Nigéria .pp: 10-12

Mike, I.O. (1998). Redução da pobreza na Nigéria: The way forward. *CBN Economic and Financial Review* 39(2).

Modupe, F.M. (2008). Implicações económicas dos programas de combate à pobreza nas mulheres rurais do Estado de Ondo. Estudo de caso da Associação de Mulheres do Campo da Nigéria (COWAN)

Narayan, D., P. Raj, S. Kai, R. Anne, e K. Sarah (2000).*Voices of the Poor. Can Anyone Hear Us?* Oxford University Press Inc.. Oxford University Press Inc., Nova Iorque.

Centro Nacional de Gestão e Administração Económica (NCEMA), (2002). Ibadan. Workshop sobre Género e Desenvolvimento Sustentável - Dimensão do Género.

Ngaski, A. A., A. A. Kamba, I. D. Senchi (2010) Impact of *Fadama* 11 Project Pilot Assessment Acquisition Scheme on Rural Household Income and Poverty in Yauri Emirate of Kebbi State, Nigeria. *Revista de ciência e tecnologia da Nigéria*, 6(1):167-169.

Nigerian Institute of Social and Economic Research (NISER), (2002), *Niser review of Nigerian Development 2001- 2002;* understanding poverty in Nigeria

Nigeria Galleria .Com (N.G.C.), (2004) *Kebbi state of Nigeria: Informações sobre a Nigéria e Guide Nigeria Galleria* (acedido em 11 de outubro de 2011) a partir de http://www.nigeria galleria.com/Nigeria/states/kebbi-State.html 2004.

A pobreza nigeriana no meio da abundância (1996). O desafio do crescimento com inclusão. Um relatório mundial de avaliação da pobreza.

Nnamdi, A. (1991). *Research Method in the Behavioral Sciences.* Longman Nigeria Plc 5th edition, Pp. 58 - 67.

Nsikak-Abasi, A. e A.S.Valerie (2010).Determinantes da pobreza rural entre os criadores de frangos de carne em Uyo, Nigéria. Implications for Rural Household food security *Journal of Agricultural and social sciences* 6(2): 129-132

Nwachukwu, I. N. e C. I. Ezeh (2007). Impact of selected Rural Development Programmes on poverty alleviation in Ikwuano LGA, Abia State, Nigeria (Impacto de Programas de Desenvolvimento Rural selecionados na redução da pobreza em Ikwuano LGA, Estado de Abia, Nigéria). *African Journal of Food Agriculture Nutrition and Development.* **7**(5).

Obadan, M. (1997). Quadro analítico para a redução da pobreza. *Procedimentos da Conferência Anual da Sociedade Económica Nacional,* Estratégia de Alívio da Pobreza: Implication for Development, 15-15 de setembro, Kaduna, Nigéria, pp: 150-157.

Obadan, I.M. (1998). Poverty reduction in Nigeria: The way forward *CBN Economic and Financial Review* **39**(4).

Obinne, C.P. (1998). *Stereotyping Disadvantaged women farmers:* A Nigerian Case Study, Nigeria Rural sociology, June 2: Pp 69 - 77.

Olson, M.J. (1996). "Big Bills Left on the sidewalk: Why some Nations are Rich and others are poor", journal of Economic Perspective, 10(1):3-24.

Okafor, F.C. e G.O. Andrew (1994). Rural systems and land resources Evaluation for Africa (Sistemas rurais e avaliação dos recursos fundiários em África). Citado em Musa,

J.(2008).Economic Appraisal of Jibiya irrigation project and feasibility of farmers' financial participation in its operation and maintenance. Dissertação de Mestrado (não publicada). Departamento de Economia Agrícola e Extensão, Faculdade de Agricultura, Universidade Usmanu Danfodiyo. Estado de Sokoto, Nigéria.

Oladeji, S.I. e N.G. Abiola (1998). "Poverty Alleviation with Economic Growth Strategy: prospects and challenges in contemporary Nigeria" *In Nigeria Journal of Economic and Social Studies (NJESS),* 40(1).

Oladunni, E.B., (1990). The Dimension of poverty in Nigeria (A dimensão da pobreza na Nigéria). Bullion, 3.

Okunade, E.O., A. J. Farinde e E.A. Laogun (2005). Participação de mulheres líderes locais em projectos de desenvolvimento rural baseados em mulheres no Estado de Osun, Nigéria .J. Soc. Sci., 10 (1): 37- 41

Poverty around the World, (2008). In causes of poverty (2009) (avaliado em 20 de abril de 2010). Disponível em http/www.globalissues.org.

Rahman, S A (2004). Gender Differential in Labour Contribution and Productivity in Farm Production Empirical Evidence from Kaduna State of Nigeria (Diferencial de Género na Contribuição Laboral e Produtividade na Produção Agrícola - Evidência Empírica do Estado de Kaduna da Nigéria). Trabalho apresentado na Conferência Nacional sobre a Família realizada no Complexo do Novo Teatro. Universidade Estadual de Benue, Makurdi, Nigéria. 1st-5th de março.

Richard, H.R. (1999). *Global Problems and the culture of capitalism* (Allyn and Bacon) P.
345.

Robb, C. (2002). Podem os pobres influenciar as políticas? *Participatory poverty assessment In the Developing World.* Banco Mundial, Washington, D.C. Pp 1 - 27

Pobreza rural na Nigéria (R.P.N). (2008), Portal da pobreza rural. (Acedido em 4 de julho de 2009). Disponível em http/www.globalaging.org.

Salamatu, I. I. (2005). "Impacto das actividades de extensão das ONG no rendimento dos agricultores". *Jornal de Investigação Económica e Social.* **3**(2) pp.135-147.

Schiller, B.R. (2000). The economics of poverty and discrimination 8th edition. Prentice Hall College Dir.

Sen, A. (1999). Development as freedom (Nova Iorque; Anchor Books) Pp 87 - 110

Sherma, P. V., Staal, S., Delgado, C. e Singh, R. V. (2003). Política, Técnica e Enviromental Determinants and Implication of sealing up of milk production in India (Determinantes ambientais e implicações do encerramento da produção de leite na Índia). Anexo iii Relatório de Investigação do Instituto Internacional de Investigação sobre Políticas Alimentares (IFPRI) Organização para a Alimentação e a Agricultura, Projeto de

Industrialização do Gado Fase 11. Publicado pelo IFPRI, Nova Deli, Índia, p. 62.

Simsek, D. e O. Karkacier (1996). A Study on Socio-economic Factors Affecting the Adoption of Agricultural Innovations in Rural Regions (Estudo sobre os factores socioeconómicos que afectam a adoção de inovações agrícolas nas regiões rurais). Citado em Cicek, H.,
C. Yavus e T. Murat (2007). Factores socioeconómicos que afectam o nível de adoção da inovação na empresa de gado leiteiro. Trabalho apresentado 15° Congresso Internacional da Federação Mediterrânica para a Saúde e Produção de Ruminantes. 15th - 19th maio.

Soroptimista, (2010). Soroptimist International of the Americans white Paper, *Mulheres e pobreza* Pp 3 - 12.

Suleiman, K. (2002). *Poverty Development and Empowerment of women in Rural Areas.* Em Women Empowerment. A Dumar - Environmental consultancy in conjunction with UDU consultancy services (UDUCONS) under local government service commission Kaduna State Pp 46 - 48

Tobin, J., (1958). "Estimation of Relationship for Limited Dependent Variable" (Estimativa da relação para uma variável dependente limitada)
Econometrical, 26: 26-26

Conselho Económico e Social das Nações Unidas (UNESCO), (2001). A pobreza e o Pacto Internacional sobre os Direitos Económicos, Sociais e Culturais Comissão dos Direitos Económicos, Sociais e Culturais E/K

Comité da Plataforma de Ação das Nações Unidas, (2003). What are the causes of women's Economic inequality women and the economy Manitoba, Canadá

Programa das Nações Unidas para o Desenvolvimento (PNUD), (1994), Sustainable Human Development and Agriculture, UNDP guide book series UNDP New York P 48

Programa das Nações Unidas para o Desenvolvimento (PNUD), (1997). (Nova Iorque; Oxford University Press).

Programa das Nações Unidas para o Desenvolvimento (PNUD), (1998). *Relatório de Desenvolvimento Humano da Nigéria* 1998. Lagos

Programa das Nações Unidas para o Desenvolvimento (PNUD), (2004).*National Millennium Development Goal Report* 2004 Nigeria. Nova Iorque Oxford University Press para o Programa das Nações Unidas para o Desenvolvimento UN News 2009" Millions of Nigeria Children to be immunized during UN backed health week (acedido em 1 de agosto de 2009) de http/www.un.org/news>

Programa das Nações Unidas para o Desenvolvimento (PNUD), (2005).*Programa das Nações Unidas para o Desenvolvimento.* Indicadores de Desenvolvimento Humano

Programa das Nações Unidas para o Desenvolvimento (PNUD), (2007).*Relatório sobre o Desenvolvimento Humano*
2007 - 2008 Nações Unidas, Washington, D.C.

Van Den Ban, A.W. e Hawkins, H. S. (1996). Agricultural Extension (2nd Edition). Londres: Blackwell Science. Ltd.

Wikipédia o livre enciclopédia, (2009). (Acedido em junho de 29, 2009) de *http/en.wikipedia.org/wiki/poverty.*

Women and Global Human Rights, (2010). women and housing rights property law (Acedido em 20 de junho de 2010) a partir de *http/www.webster.edu/inwool film/housing right.htm*

Banco Mundial, (1996).Nigéria: Poverty in the midst of plenty, the challenge of Growth With inclusion, *A World Bank Poverty Association,* Banco Mundial, Washington D.C.

Banco Mundial, (1997). Taking Action to reduce poverty in Sub - Saharan Africa (Washington, D.C. The World Bank.

Banco Mundial, (2000).Relatório sobre o Desenvolvimento Mundial 2000/2000: Attacking poverty, Banco Mundial, Washington D.C.

Relatório do Banco Mundial, (2000/2001), "World Fourth Development Dialogue 1999: A Different perspective on poverty and development" comentário sobre o Relatório sobre o Desenvolvimento Mundial, Londres.

MIX
Papier aus verantwortungsvollen Quellen
Paper from responsible sources
FSC® C105338
FSC
www.fsc.org

Printed by Books on Demand GmbH, Norderstedt / Germany